作家榜®经典名著
★ ★ ★ ★ ★ ★ ★ ★ ★
读 经 典 名 著 ， 认 准 作 家 榜

时间的故事

〔苏〕米·伊林 著

骆家 译

浙江文艺出版社
Zhejiang Literature & Art Publishing House

目录

故事二

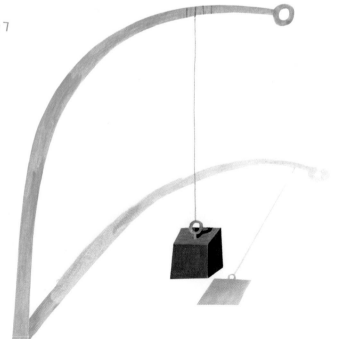

公鸡拍击翅膀打鸣，
它用歌唱迎接白天。

——茹科夫斯基《斯维特兰娜》

故事 一

假如没有钟表会怎样呢

两个小箭头绕着圆圈跑，却于事无补。而在我们的生活当中，它们有多大的意义啊！

试想一下，假如明天世界上所有的钟表都坏掉，那将会引起多么可怕的混乱！

铁路上的火车会发生无数的事故，因为没有列车时刻表，无法调度火车运营，而如果没有时钟，时刻表毫无意义。

大海上，船舶将迷失航路方向，因为船长需要知道时间才能确定自己的位置。

工厂里的工作也变得无法进行——因为工厂的机器设备都是按照严格的时刻表运转的。产品不间断地从一台机床流向另一台机床，从一个工人转到下一个工人。整座工厂像一架由上百台机器组成的巨大机器在运行。而指挥所有这些威力巨大的庞然大物的，却是一台小得可以放进口袋里的机器——钟表。

钟表一旦停止，机器们马上就会步调不一致：一些设备会落后，另一些又会超前。

过不了太长时间，工厂这架巨大的机器就会失灵，甚至完全停止运转。

那学校里的情形如何呢？专心上课的数学老师给你们上课的时间可不是四十分钟，而是一百四十分钟，直到你们快发疯为止。

假如你晚上突然想去戏院看戏，你会去得太早，在漆黑一团的大楼前遇见一帮倒霉的朋友。或者正相反，你只能欣赏到一场争先恐后的取衣帽秀①了。

我们再假设，你觉得还是在家度过这个晚上更好，于是邀请了几位客人。你一直等他们，你感觉等了一个小时、两个小时，都快三个小时了。茶早已凉透，你的眼睛也已睁不开。最后你确信客人们不会来了，才上床休息——没有人大半夜还串门做客。可过了几分钟，一阵特别响的门铃声和敲门声将你吵醒。正是你请的客人到了。据他们讲，现在最多十点钟呢。

要是没有钟表的话会怎么样呢？与此有关的可笑与可悲的故事实在是太多了，怎么都讲不完。

很久以前，钟表真还没发明出来呢——既没有装发条的，也没有带钟摆的。

无论如何，人们得想方设法确定时间和测量时间才行。他们如何测量呢？

---

① 俄罗斯人到剧院看戏时，都会脱去外套或大衣，统一放在剧院门口的衣帽间的衣架上，看戏结束再凭牌号取回。这里说的"取衣帽秀"，即是描述衣帽间服务员为观众拿取衣帽的忙碌情景。（译注：本书脚注如无特殊说明，均为译注。）

古董商店

　　我相信，在开始读这个故事之前，你们已从头到尾浏览过全部插图了。我们都这样做，以便一接触这本书，就能弄清它是否有趣。

　　我不知道你们怎么看故事本身，可是那些插图一准没少让你们感到疑惑。

　　乍一看，书里的这一大堆东西毫无相似之处，这些到底是什么呢？它们就和旧货商店里的东西一样，像是偶然被收集起来的。

　　这一页上面，是一根雕刻有古老文字的印度婆罗门手杖。另一页上则是一只刻有圣人浮雕像的青铜钟，时间久了有点发绿。

　　瞧，这是一本很古老的书，还带书扣呢。它的封面是用很厚的兽皮做的，现在已没人这样做了。不少地方还有小孔，像用钉子装订过一样。这是老鼠干的，它们已经死了很久了。

　　还有一盏小油灯，跟现在的煤油灯不一样。它既没有玻璃灯罩，也不见灯头。芦苇秆做的灯芯冒着黑烟，烟炱像蜘蛛网一样布满四壁。

　　紧挨着的是一件龙船造型的中国小玩意儿。有一根蜂蜡制成的蜡烛，被截成了二十四段。在一个柱脚边，立着两个丘比特：其中一个在哭，另一个用一根小木棒指向柱子上刻写的某些内容。

最后，在所有这些早已无人触碰的旧废物中，有一只大公鸡——一只真正的、活蹦乱跳的大公鸡，正扇着翅膀大叫："喔——喔！"

这一切能说明什么？

油灯、龙、手杖、旧书、蜡烛——当真正意义上带发条的或有钟摆的钟表还未出现的时候，这些物品都是能为人们指示时间的钟表。

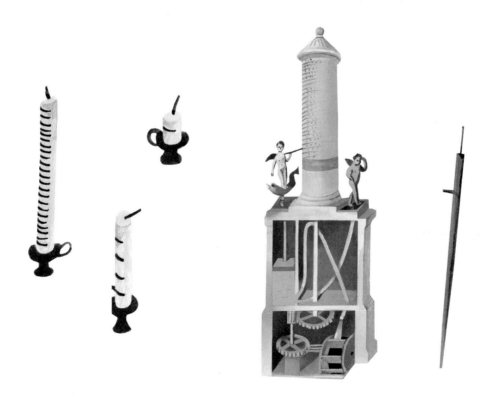

一位修士的故事

经过这么一番说明，这本书中的神秘插图对你们来说可能还是那么神秘。

手杖、书、油灯——难道它们是钟表吗？

事实上，有成千上万的方法来测量时间。

只要能持续一段时间的东西，都能成为时间的度量工具。这就跟任何有长度的东西，都可以用来度量长度一样。要想读完这一页书，你们需要花一点时间。就是说，你们可以用读了多少页书来度量时间。例如，你们可以说，读完二十三页书你们就去睡觉；或者，在读完两页书之前，你的弟弟来过房间。

现在通过神秘插图中的一幅来做说明。这是一本很厚、封皮已被老鼠啃光的书——一本属于本笃会修士奥古斯丁兄弟①的圣诗集。这位修士是修道院的敲钟人。每天夜里，子夜过后三个小时，他必须敲钟唤醒兄弟们

---

① 本笃会是天主教的一个隐修会，又译为本尼狄克派，是公元 529 年由意大利人圣本笃在意大利中部卡西诺山所创。天主教徒一般称呼教友为"兄弟姐妹"。

做晨祷。可在没有钟表的时代，你怎么能确定夜里的时间？要知道，这可是差不多一千年前，那时候怀表、座钟和钟楼挂钟可都没有呢。

奥古斯丁兄弟度量时间的方法很简单。一到晚上，他就开始读他的圣诗集，只要读到"献给唱诗班的领唱尹基甫莫夫，一首亚萨赞美诗"这一句，他就立即起身往钟楼跑。

说实话，他只出过一次岔子，那一次他趴在书上睡着了。等他睡醒的时候，太阳已高挂天空。他自然难逃院长德西德里乌斯的责罚！

这回清楚了，书是一种不太准时的钟表。比如，你读书读得很快，每小时差不多读二十页，而你的弟弟一个小时还读不完两页书。如此一来，你有你的时间，他有他的时间，可所有人的时间应该都是一样的才对。

难怪人们会说，在千万个度量时间的方法之中，好方法实在不算太多。

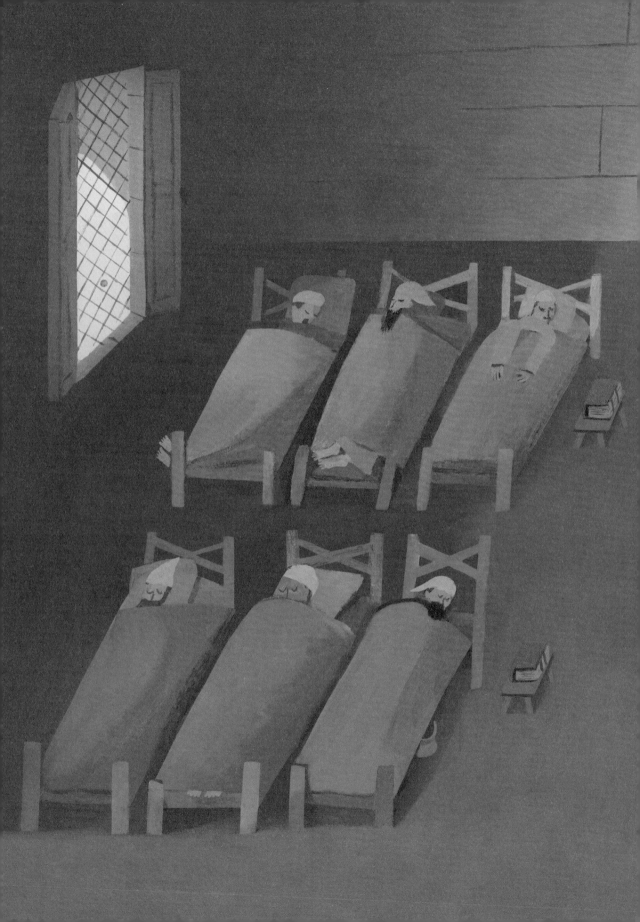

天 上 的 钟 表

奥古斯丁兄弟的故事还没完。

原来，听着他敲的钟声起床的不单是修士，还有这座修道院附近的小城镇的居民。

那个清晨，居住在修道院附近的纺织工、染色工、布料商、卖纽扣和串珠的商贩、鞋匠，一直都没等到钟声敲响。人们被灿烂的阳光照醒之后，开始还以为是什么奇迹出现了——太阳深更半夜升起了。可等他们回过神来才明白，相比奥古斯丁兄弟，太阳的可信度更高。因为太阳不会饮酒，而奥古斯丁兄弟免不了会犯这种错误。

不止当时，其他任何时候，人们都认为太阳才是最忠实的钟表。

在白天被划分成十二个小时之前的很长一段时间里，人们通过太阳来判断时间。即便是现在，若想要说"几点钟"，我们还是会说"黎明时分"、"午时"（即太阳升至天空最高处的时候）、"日落时分"、"黄昏"、"太阳落山之后"等。

很久以前，还没有城镇和工厂的时候，人们并不认为准确度量时间有必要。但是等到城市四处拔地而起，各种交易会和集市纷纷涌现，手工作坊里锤子榔头叮当作响，商家驮队在道路两旁绵延不绝之时，天上的钟表对人们来说就不太准了。

实际上，凭肉眼观测太阳升起之后走过了多少路程，真的能够那么准确吗？到底要怎样才能测准这个距离呢？

最简单不过的测量方式，就是像人们通常在地面上做的那样，用脚步丈量。但天空可不是地面，爬是爬不上去的。

幸好，世界上总有些人，能将别人看来不可能的事情变为可能。

就像当今人们已学会在天上飞翔、在水底潜水、在不同城市可以相互通话一样，古代人也解决了另一个无法解决的问题——他们学会了用脚步测量时间。

人们如何用脚步测量时间

两千三百年前，在希腊作家阿里斯托芬撰写的一部喜剧作品中，有这么一个情节：一个名叫普拉克萨格拉的雅典女人对自己的丈夫勃列必洛斯说："阴影有十步长的时候，请你浑身涂抹香脂来吃晚餐。"

那个时代人们梳妆打扮自己的方式多奇怪啊：他们不去清洗身上的污垢，而是浑身涂满香脂香膏，只要看不见脏东西，闻起来香喷喷的就好。但这不是重点。"阴影有十步长"这个用语是什么意思？

看来，距离普拉克萨格拉和勃列必洛斯住的房子不远处，有一个石柱或纪念碑。出太阳的日子里——希腊几乎天天大太阳——纪念碑会投下阴影。要知道几点钟，过路人只要用脚步测量阴影的长度。

早上，这条阴影比较长，到中午变得非常短，而黄昏将近，它又被拉长了。

这就是如何用脚步来测量时间这个问题的答案。

永远都是这样，谜语看起来有多复杂，谜底就有多简单。

印度托钵僧的戏法

被当作钟表一样使用的石柱，又叫日晷碑。

当然，日晷碑是一种很不方便的钟表。它不但只能在晴天的时候指示时间，还不太准确，也不能随身携带上路。而在旅途中，钟表是必需品。

印度托钵僧用一种既简单又聪明的方法解决了这个问题：他们将一根普通手杖变成了一个时钟。

开启圣城贝拿勒斯①远行之时，托钵僧随身带一根特别的手杖。

这根手杖跟我们普通的手杖不同，不是圆的，而是八边形的。每一面都钻了一个可插入小木棍的眼儿。

要想知道几点了，托钵僧只需拎着手杖上的细绳，提起手杖即可。小木棍投在手杖边缘的阴影，就能指示出时间。

不用每一次都测量阴影的长度，因为每个面都刻有一些指示钟点的刻度线。但为何要那么多面呢？似乎有一面就够了。

---

① 位于印度北部恒河谷中游左岸的一座著名圣城，印度传统上称为"瓦拉纳西"（Varanasi）。

原来，一年当中不同的季节，太阳的运行轨迹也不同，因此，完全因太阳而变化的阴影，在夏天和冬天的表现也是不相同的。夏天的太阳升得比冬天高，所以夏天中午的影子要比冬天中午的影子短。

这就是手杖要做成多面体的原因。每一面只适用一季，换其他季节则不行。

我们假设这是发生在十月初的事情。托钵僧将小木棍插入刻有"阿里曼"这个古词的那一面。"阿里曼"就是现在我们说的九月中旬到十月中旬那个月份的名称。

你们自己做一个这样的钟表也不难。有三面就足够——即在郊区度过的夏季的三个月。冬天你们不需要手杖，再说晴天也少见。

需要花三天时间，你才能将钟表的时间标注全部刻好——每一个月花一天时间。早晨你起床时——假设是七点钟——将小木棍插进一个面的孔里，并在阴影的末端做个标记。八点钟的时候做第二个标记，就这样每隔一小时做一次，一直到太阳落山为止。

有表盘但没有指针的钟表

在我们的老熟人普拉克萨格拉和勃列必洛斯的那个年代，希腊的某些地方还可以见到更为便利的新式钟表。据传，这种新发明由亚洲的巴比伦城传入希腊，而这座城市因科学家闻名于世。

巴比伦是当时世界上最大的城市之一，街上车水马龙，整齐的士兵列队而过；商贩售卖香脂香膏、零食糖果和各种饰品；有长着漂亮的卷曲胡须、戴着满手戒指、提着金镶头手杖的纨绔子弟……而在这五光十色、洋溢着东方风情的人流之上，高楼大厦鳞次栉比——这就是两千五百年前的巴比伦城。在这样一座富裕、人口众多的城市里，科学繁荣发展也就不足为怪了。

巴比伦人教会了希腊人很多东西，这就像彼得大帝时代的荷兰人和瑞典人当了我们的老师一样。巴比伦人教会希腊人将时间等分为若干小时。若干年后，这种时间等分法经由希腊人再传到欧洲其他国家。据说，他们教会了希腊人制作一种新的钟表——有表盘的钟表。必须指出，这种钟表缺一样小玩意儿，那就是指针。

"指针？"你们问，"有没有指针的钟表吗？"要证明没有指针的钟表的确存在，你们不必跑去亚洲巴比伦城——那个曾经高楼大厦林立的地方。在我们列宁格勒①，还有苏联的其他许多城市，你们都能够找到跟古巴比伦时期类似的钟表。

在列宁格勒通往莫斯科的古道上，沿路至今还矗立着远在叶卡捷琳娜二世时期设立的石头里程碑。在列宁格勒国际大街上（枫坦卡街和第七红军街附近）和普希金城中（奥廖尔城门附近）就有这样的路碑。路碑的一面上写着：

从彼得堡至此 22 俄里。②

另一面则是一块石板，石板中央有一个三角形的铁片，周围是一圈罗马数字。罗马数字表示的就是时间，而指针被铁片投下的阴影替代。太阳在天上行走时，铁片的阴影像钟表的指针一样移动，时间就指示出来了。

这是一个日晷仪，跟古巴比伦兴起的钟表类似。

乘车从这些路碑经过，旅客由车厢窗口探出头一看，就知道还有多少俄里要走以及自己在路上已经走了多长时间。

相比日晷碑或者托钵僧人的手杖钟，日晷仪显然最好。它显示的时间要清晰准确得多。

可相比我们今天的钟表，日晷仪仍然差很远。要是你的钟表只在晴天

---

① 苏联解体后，列宁格勒改回原名圣彼得堡。

② 俄里，长度单位，1 俄里约等于 1.0668 千米。

才能走，天气不好就不走的话，你很难会对它感到满意。而日晷仪恰恰就是这样。难怪古时候人们叫它"白日钟"。

很久以前——可能是与日晷仪同时期——"黑夜钟"也被发明了。

日晷仪

日晷碑

伊凡·伊凡内奇
与伊凡·彼得洛维奇的谈话

伊凡·伊凡内奇与伊凡·彼得洛维奇是老朋友，他们俩已有十年未曾见面了。

突然有一天，他们俩在街上撞上了。

伊凡·伊凡内奇此刻会说什么，伊凡·彼得洛维奇又会如何回答他呢？

我毫不怀疑，在两次亲吻脸颊的当间，伊凡·伊凡内奇就会惊呼：

——多少水流走了啊，最敬爱的伊凡·彼得洛维奇！

而伊凡·彼得洛维奇回答他：

——实在不少，伊凡·伊凡内奇，真不少。

但这两人是否明白，这个奇怪的句子是什么意思？

说的是什么样的水？

水又流到哪里去了？

从哪儿来的水？

我想，关于这些问题，我们这两位老友是没法解释的。

伊凡·伊凡内奇说的这句话，在很久以前就已失去了所有意义，人们只鹦鹉学舌，从不考虑它的含义。它的含义如下：

很久以前，人们已猜到，借助水流可以测量时间。

如果给大茶壶加满水并拧开茶壶的龙头，水就会都流出来，假设水流完需要一个小时。如果我们不动茶壶的龙头，将等量的水再次注入大茶壶，那么水全部流出的时间也会相同——不是半小时，不是一个半小时，刚刚好就是一个小时。

也就是说，大茶壶也能当钟表用。每次大茶壶空了的时候，重新灌满水即可。

早在两千五百年前，巴比伦就已开始使用这样的钟表了。当然，不同的是，他们不是将水倒进大茶壶——那时候还没有大茶壶——而是倒进靠近底部开有小孔的一个又高又窄的盛水容器里。太阳升起的时候，特别指定专人用水将容器灌满。

水快要流干的时候，他们大声呼喊，通报城里的居民，并重新加水。

这样的工作，他们一天要做六次。

水流钟很不方便，它们太过麻烦。不过呢，不论天气好坏、白天黑夜，它们倒都能指示时间。

因此，古人才将它们叫作"黑夜钟"，以此区别于"白日钟"或日晷仪。

古老的水流钟，在不久以前的中国也能见得到。

将四只大铜桶依次摆放在石阶上，每个台阶上摆一个。水从一个桶流

入另一个桶。每隔两个小时（或者中国人说的"时辰"①），守时人就竖起一个小牌子，上面写着此刻处于什么时辰。

不难理解人们为何将铜桶如此排列。守时人只需灌满最上面那只铜桶就够了，剩下的就能靠重力一个接一个被灌满水。

---

① 原文为"刻"，应是"时辰"。

牛奶钟

牛奶钟？这是什么胡说八道？乳猪、乳牛、牛奶巧克力、乳牙倒常见，但牛奶钟是个什么稀奇玩意？

关于牛奶钟，我是在一本关于钟表制作的古老书籍中读到的。

书中写到，古埃及尼罗河的一个岛上有座奥西里斯①神庙。神庙中央，底部开着洞孔的三百六十个大容器排成一圈。每个容器都专门指派一位祭司看管，一共有三百六十位祭司。每天都有一位祭司要将自己的容器灌满牛奶，而牛奶全部流干净需要整整二十四小时。这时，另一位祭司开始灌满下一个容器，依此类推——整整一年轮完。②

我们当然很难理解，埃及人为何需要这么多的牛奶钟，埃及法老怎么会想不到裁减奥西里斯神庙的人员。因为养三百六十人的费用不是小数目，况且他们所做的只是把牛奶倒入空的容器里。

人们不仅仅只是将水流钟里的水换成了牛奶。

---

① 奥西里斯（Osiris），古埃及神话中的冥王，植物、农业和丰饶之神，赫里奥波里斯的九柱神之一。
② 在古埃及历法中，一年只有 360 天。（编者注）

其实，至今仍在使用的就有沙漏。要"发动"它，你只需要将它倒过来。这样的钟对于测量比较短的时间段特别方便，比如三分钟、五分钟、十分钟。

海军舰艇上不久之前才开始使用沙漏。每隔半小时，值班水手会将沙漏这个"小玻璃瓶"翻转过来。

古代，人们总认为制作沙漏的沙子是一份需要特别技能的活儿。

他们说，最好的沙是大理石粉末，需要将这种粉末混合红酒煮沸九次，每次均滤掉泡沫，之后再放到太阳下晒干。

钟表与药水

最简单、最初始的水流钟，就是一个靠近底部位置有小孔的容器，水从小孔中一滴一滴漏出来。但水流钟很快就被替换和改良了。

改良它第一件需要考虑的事情，就是怎样才能减少为容器加水的次数。

其实，人们很快意识到，与其指望用一个小容器滴一个小时，倒不如用一个大容器储满水，足足让它滴一整天。可毕竟要测量的是小时，而不是天数，于是人们用刻度线将容器分成了二十四部分。现在，水位自己就能表明时间了。只要看一眼水位降到哪个刻度上，时间就一目了然。

你们也许见过带刻度的玻璃皿，就是给病人喝药水的那种。玻璃皿上有三个刻标：最下面那道刻的是"茶匙"，中间刻着"中匙"，最上面那道刻着"汤匙"。

水流钟也是依照这个样式制作的。不过，水钟上取代那三条刻度线的是十二条或者二十四条刻度线，并且水钟测量的不是汤剂药水，而是时间。

但水钟仍有不太便利的地方。

原来，容器中流出来的水并不总是一样快。一开始水多的时候流得比后来水少的时候要快一些。这很好理解：水位越高，压力越大；而压力越大，水流速度就越快。供水系统也是这个道理：储水箱位置越高，水管中的水跑得越快。于是，就出现了这样的情况：开头一小时流出的水量，比最后快结束的时候要多。

　　水位刚开始下降快，随后越来越慢。为了让钟走得准时，只好不让刻度线等距离排列，而是让上面的刻度线排列疏朗一些，下面的刻度线排得紧密一些。如你们所见，刻一个水流钟的刻度线也不是那么简单。

　　还有一种更为简便的方法：将容器做成漏斗形状。此时，如果漏斗选得合适，刻度线的间距就可以相等。

　　实际上，最上面两条刻度线之间容纳的水量，要比下面相邻两条刻度线之间多。但本就该这样，因为开头一个小时，水流速度快一些，排出的水自然要比第二个小时排出的水多。

大小时和小小时

如果我说，这一章我写了整整一小时，大家都明白是什么意思。

但在古代——就说大约两千年前吧——人们就会问我指的是哪种小时：说的是大小时还是小小时。

原来，尽管古埃及人、希腊人、罗马人也将一整天划分成二十四小时，但不完全跟我们今天一样。

首先，他们将一整天划分出昼（从日出到日落）和夜（从日落到日出），而昼夜相应地各分占十二小时。

但是要知道，昼夜的长短常常不一样。夏季昼长夜短，而冬季昼短夜长。在埃及的有些地方，夏季白天的一小时等于我们现在的一小时十分钟，而冬季白天的一小时只有五十分钟。

在我们国家的北方，冬季出太阳的时间很短，白天一小时的时长也就是那么四十分钟。这就是所谓的小小时。反而晚上一小时时长不是一小时了，而是足足一小时二十分钟，这就是大小时。

正因这种误差，夏季的水流钟到了冬季就不适合用了，反之亦然。

得想办法改良才好。冬季的白天比夏季的短。就是说，冬季漏斗里的水要倒得少一些，以便水快点流完。假设夏天要倒入两杯水，冬季倒入一杯就够了。但问题解决起来不像看着这么简单。要知道，无论冬季还是夏季，漏斗的水都要倒满，到最上面那条刻度线为止。假如我们不倒两杯而只倒入一杯水，漏斗就没装满。这时该如何是好？怎么办才能两全其美[①]——就算水量少，漏斗也能灌满到最上面刻度线？

办法还真想到了。

根据漏斗的形状，人们另外做了一个圆锥体。它不是空心的，而是实心的。如果将这个实心圆锥体放进漏斗，假设到漏斗中间那个位置，则漏斗的空间就变小，装的水也会少。那么就可以在冬季将圆锥体放进去，夏季抬起来。为了让每个人都能操作，加一个带刻度的衬板，用来支撑住圆锥体。而上面的刻度线就是在告诉人们，不同季节该把圆锥体下降到哪个位置。

如你所见，这个钟就比一开始的那些钟更加复杂。说实话，要是人们想到将昼夜划分成相等的小时，像我们现在一样，水流钟就不会这么复杂了。

---

① 原文使用了俄罗斯的一句谚语，直译"狼饱羊活"。此处为译者转译。

活闹钟

从巴比伦和埃及——也就是远古时代就出现水流钟的地方，水流钟传给了希腊人，再从希腊人传到罗马人那里。最早的罗马水钟，就竖立在城市市场中，跟日晷仪并排。这样做是为了借日晷仪来检验水流钟是否准确。

水流钟很容易坏，出水的眼儿经常会被塞住。而只要太阳高挂天空，日晷仪总是又老实又认真地报时。在富人的私宅里，也能找到水流钟，有专门的仆人负责倒水和维护。但拥有自家钟表的幸运儿只是极个别人。城里的其他居民能像往常一样白天观太阳、晚上听鸡叫来掌握时间就已心满意足。

郊外某个地方，夜深人静之际，就算听见拖得很长的几声鸡叫，那些白日工作劳累的人还是带着心满意足的念想重新入睡，夜长着呢。公鸡只会在夜深之时才会如此啼鸣——单调冗长，隔好久才叫一声。如古时候人们所说，这只是"公鸡初啼"。但你们听，公鸡开始啼鸣得越来越频繁、越来越急促，这是"公鸡再鸣"。黎明即将降临。很快，跟昨天一样，一天又开始了。

　　千百年来，人们早已习惯了他们的活闹钟。也许正是由于这个原因，公鸡的深夜啼鸣才会勾起我们内心某种莫名的不安吧？

马克和尤里的故事

两千多年以前，没有钟表帮忙，人们照样安然度日。清晨，"号角吹醒士兵，公鸡唤醒市民"，那时的俗话就是这么说的。大白天望着太阳来判断时间并不难。但那个时代，钟表在某些场合之下并非奢侈品，而是必需品。

例如，法官没有钟表就不行。为防止庭审时间太长，他们给每一位发言的人都规定了明确的时间。为此，他们必须有钟表。

希腊和罗马法官使用的是一种构造最简单的水流钟。这是一种靠近底部有小孔的容器，里面的水流完，大约要十五分钟。希腊语把这种水流钟叫作"克列普西达"①。因此，想要说某个发言持续了整整一个小时的话，人们往往说成："他讲了四个克列普西达。"

在一个会议上，演讲者滔滔不绝地演讲了五个小时还没完，终于被一个问题打断：

---

① 古希腊语"κλεψύδρα"，由"偷"、"藏"和"水"三个词组合而成。

"如果你能够一直不停地说，那你也有能力在同样多的克列普西达里保持沉默，对吗？"

这位演说家一时回答不出，于是在哄堂大笑中证明了他能保持沉默不语。

我在一本古书中读到了一个故事，讲到水流钟拯救了一个人的性命。

有一次，罗马城里正在审判一位疑犯，他被指控谋杀罪。他名叫马克。当时只有一位证人——他的朋友尤里，只有此人能救他。庭审眼看就要结束了，可尤里始终都没出现。"他出什么事了？"马克暗想，"他真的来不了吗？"

根据当时的法律，原告、被告和审判官的发言时间都一样。每人限时发言两个克列普西达，也就是半小时。

原告先发言。他给出种种证据来指控马克。如果谋杀罪成立，马克会被判处死刑。原告发言结束。审判官问马克，有没有什么为自己辩护的话要说。

马克很难开口。当他看到水从克列普西达之中一滴一滴往外流时，恐惧锁住了他的舌头。每一滴水都在一点点减少他生还的希望。可尤里还没出现。

他的第一个克列普西达已结束，现在第二个克列普西达开始了。但这时奇迹出现了。水开始滴得慢下来，比先前慢了很多。

马克重燃希望。他故意东扯西拉地讲故事。他说他的家人、亲戚都是诚实之人，讲他的父亲、爷爷、奶奶，当他扯到了自己奶奶的表妹那里去的时候，靠近水流钟的原告突然大喊：

"有人扔了一块石子在水钟里！难怪犯人说了已经不止两个克列普西达，至少有四个克列普西达了！"

马克吓得脸煞白。但正在这个节骨眼儿上，听众分开了，尤里径直走到了前面。马克得救了。

但到底是谁往克列普西达里面扔的石子呢？

关于马克和尤里的故事书中，没有交代这一点。你们怎么看？会不会是那位审判官因为同情可怜的马克做了好事呢？

亚历山大的钟表匠

在本文说的那个时代，即两千年前，埃及的亚历山大城因水流钟的生产而闻名遐迩。

这是一座富庶的商贸城。除了雪，其他东西在亚历山大应有尽有。显然，世界上最早的钟表作坊，正是在这里诞生的。钟表的生产制作，以前只有为数不多的科学家和发明家掌握，现在已转到了工匠——也就是钟表师傅的手里。那时，这些人被称为"阿乌托玛塔利亚－克列普西达利亚"。这个称呼不太好念，意思是"自动水流钟表工匠"，即"自动克列普西达工匠"。

那到底何为"自动"（或者按照俄语讲法——"自导自演"）的克列普西达？要知道，此前我们已经了解的克列普西达，远远还不能"自导自演"呢。它们惹的麻烦事儿够多的了。

首批钟表店出现的大约两百年前，亚历山大城里出了一位发明家。他成功发明了一种构造非常巧妙的新式水流钟。

他的名字叫克特西比乌斯[1]，一位理发匠的儿子，不过他对父亲的手艺不感兴趣。于是他最终没有给亚历山大人刮胡子，而是全身心投入对科学，特别是机械学的钻研当中。

他最感兴趣的就是用水当驱动力的机器。要知道，蒸汽和电力在那个年代还未得到利用，能转换成机械动力的，就只有水和风。瀑布能推动水磨坊的磨盘，而风可以转动风车叶子。于是，克特西比乌斯想到了一个主意：可不可以设计一个能自己工作的水流钟，也就是"自动水流钟"呢？

克特西比乌斯设计的这款钟，也许比我们现在用的钟表还要精巧。他当时的任务要艰难得多。他要建造一个可以完全靠自己转动的钟，并且冬季和夏季都能准确报时。不要忘记，当时每个小时的长短，每一天都在变化。克特西比乌斯必须要考虑这一点。

克特西比乌斯安装在阿尔西诺伊庙的钟如后图所示[2]。它们的构造是这样的：柱子上的钟点是用罗马和阿拉伯数字标注的。罗马数字表示晚上的时间，阿拉伯数字则表示白天的时间。这个表盘太好玩了，不是吗？不像我们现在的钟表是圆形的，它是垂直的。

这个钟的指针被一根小木棒代替了。那根小木棒被一个站在管子上、长着一双翅膀的小男孩拿在手里。管子从钟表里面伸出来，再自动一点一点地将小男孩举到柱顶。指针（他手里的小木棒）也跟着小男孩一起移动，指示时间。当然，小男孩从底部升到顶部正好就是二十四小时。到顶

① 克特西比乌斯（Ctesibius，前 300 年—？），古希腊机械工程师，约生活于公元前 2 至 1 世纪的亚历山大城。他著名的发明不仅有可浮动的钟表，还有消防增压泵和水下液压装置。（原注）
② 见 57 页。

之后，小男孩很快落到底，之后再重新慢慢往上攀升。

但这还不够。在那个年代，一年当中不同季节的钟点长短不同。因此，柱子上不止一个表盘，而是有十二个——每个月份都有一个自己的表盘。柱子可以慢慢绕着中轴自转，将所需要的那个表盘带到小男孩的木棒下面。

你们已看到了，这个钟很精巧吧。但假如你们能仔细读完我马上要跟你们讲的内容，就不难弄明白钟表的构造。同时，别忘记克特西比乌斯画的钟表图。

柱子的另一面还站着另一位带翅膀的小男孩。他总是流着苦涩的泪水，仿佛在为时间的流逝伤心不已。

水经过供水系统的管子流进他的身体，又从眼睛里流出来，变成了眼泪。男孩的眼泪一滴滴流到他的脚下，经过一条特制管，流到位于另一个男孩下方的一个窄盒子里。这个盒子里有一个软木做的浮漂，浮漂下面固定的正是手拿指针的小男孩站着的那根管子。

随着盒子当中的水越来越满，浮漂慢慢升高，而随着浮漂升高的还有手拿指针的小男孩。当小男孩升到柱顶，指针停留在数字XII上时，盒子里的水沿着一根倒V形的曲管飞快泄出，小男孩就和浮漂一起下降了。新的一天开始，小男孩再次踏上了他的旅程。

水再一次沿着供水系统的管子流过，又再一次从曲管流出。

我们还必须弄清楚，到底怎样的构造才能让柱子绕着轴转动。

水从曲管流到一个水轮上，这个水轮在转动的同时，也带动另一个与它同轴的齿轮转动。这个小齿轮用齿咬合住第二个小齿轮，带动它一

起转动。第二个小齿轮同样也带动第三个齿轮，而第三个齿轮再带动第四个齿轮。这样在四个齿轮的协作下，水轮让上面固定着柱子的轴得以转动起来。

每过二十四小时，水就从曲管全部流完，稍稍推动了水轮的位置，从而使得柱子的位置也随之转动一点。柱子一年正好转一周。一年之后，一切又都重新开始。

如你们所见，这是一种永恒的钟表。要想钟表走起来，一套普通的供水系统就足够了。这样的克列普西达完全称得上是自动化的钟表。

克特西比乌斯之后，人们开始制作更为精巧和复杂的钟表。据说有一幅画着水流钟的图画被保存了下来。外观看起来，这种水流钟跟我们现在的没什么两样：也是圆表盘，也有转动的指针和钟摆。只不过这个钟摆并不像我们现在的那样重，而是很轻的木制钟摆。它像浮漂一样在小池子里浮动，有一小股水从那个小池子里不断涌出。随着水位的下降，浮漂也跟着下降，从而使机器运转起来。

《一千零一夜》里的钟表

当在地中海沿岸——意大利、希腊、埃及等国生活的人民都比较文明的时候，欧洲其他地方几乎都仍是未经开化的野蛮部落。

但时代在前进。

发明创造、风俗习惯、规矩秩序，慢慢地从地中海沿岸国家向北方渗透。

克特西比乌斯之后，大约又过了七百年，法国才出现第一个水流钟表。这是意大利国王狄奥多里克送给他的邻居和同盟者勃艮第国王冈都巴德的钟表。

狄奥多里克国王住在意大利北部美丽的德拉维尼城。他有一位聪明而又学识渊博的顾问，名叫波埃休斯。不仅如此，波埃休斯还是一位技艺娴熟的机械师。他按照国王的指令制作钟表，这种钟表不仅可以报时，还能演示星辰的运动。

得知这个消息，统治里昂城的勃艮第国王冈都巴德，命人给狄奥多里克国王写了一封信，请求为他送来白日钟，还有能够报时和演示星辰运动的水流钟。

根据狄奥多里克国王的旨意，波埃休斯造了一座非常精美的钟，将它运到里昂城，并附上使用说明书。狄奥多里克与冈都巴德之间的通信保留至今。[①]

这个故事发生后过了很久，水流钟在法国仍被当成最伟大的稀罕物。因为法国本地不会造。偶尔有那么一两个国王能收到从意大利或者东方送来的水流钟——他们那里还保留着时钟制作工艺。公元761年，国王丕平·科洛特基[②]收到罗马教皇送的水流钟，按照彼时的说法叫"黑夜钟"。但最令人惊讶的钟，是统治阿拉伯的哈里发卡伦－阿里－拉什德[③]送给法国国王查理大帝[④]的礼物，它是从遥远的巴格达运到亚琛市的。

关于这两个人物的故事和诗歌真是数不胜数。

我们大家都喜欢《一千零一夜》，并还记得那位常常换上穷人的衣服、跟自己的宰相在巴格达街头闲逛的哈里发。

正是这位卡伦－阿里－拉什德，给查理大帝送去了当时被认为是艺术奇迹的水流钟。

关于这个水流钟，查理大帝的朋友兼顾问爱因哈德这样描述：

---

① 文中所述的故事发生在公元5世纪末至7世纪初。（原注）

② 丕平·科洛特基，自公元751年为法国国王。（原注）

③ 卡伦－阿里－拉什德，阿拉伯哈里发（公元786—809年），民间故事集《一千零一夜》中的英雄。（原注）

④ 查理大帝，丕平·科洛特基之后，于公元768年成为法国国王；他是一位慓悍的征服者和狡猾的政治家，生前建立了广袤的帝国，死后不久帝国即告解体。（原注）

阿布达拉，波斯国王的大使，以及两位耶路撒冷的修士前来觐见皇帝。乔治和菲利克斯两位修士给查理大帝带来了波斯国王的礼物，有一个镀金钟的制作尤其精美。那是一个特殊的机械装置，靠水驱动，能指示时间。每个钟点都有响声报时。是几点，就有几个小铜球落入钟下面的铜盘。每到整点，钟内部的十二扇门中的一扇就会打开。到了正午，有十二个小骑士分别从十二扇门里跑出来集体亮相，离开时再随手关门。这里还有其他很多令人称奇、法国人从来都不曾见过的东西。

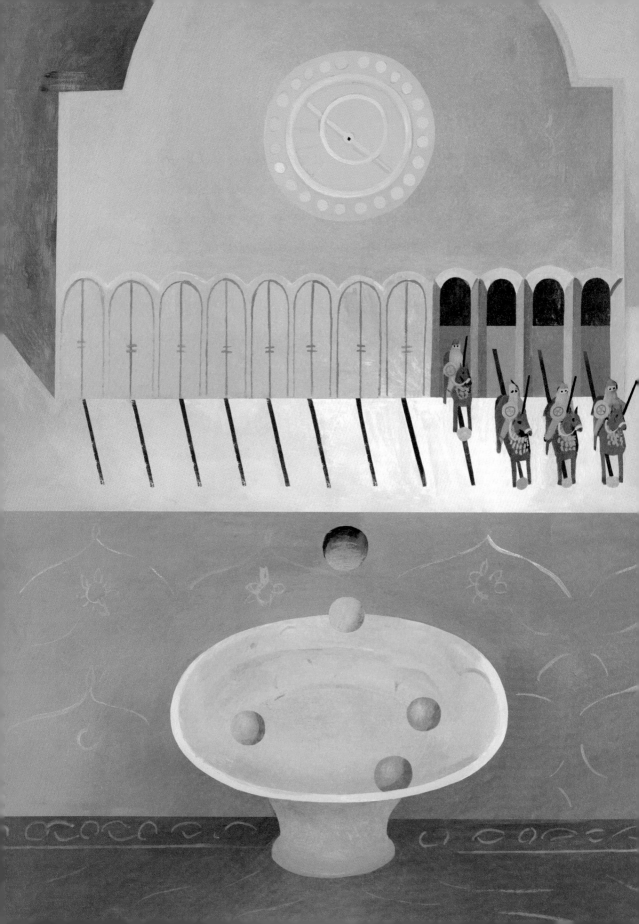

火钟和火闹钟

在法国，甚至在其他欧洲国家，水流钟一直都被视为稀罕之物。查理大帝之后大约又过了三百年，某些有钱的修道院和公爵贵族的宫殿里，也可以找到带报时响声的克列普西达。但是大部分修道院和几乎所有的城乡，依然跟先前一样没有钟表。

没有钟表，修士们的日子很难熬。一天八次，每隔三个小时，修道院的钟声召唤修士们去做祷告。晨祷之后，再进行修道院第一课时（即现在上午的七、八和九点这段时间）的祈祷，接着是第二课时（即现在白天的十、十一和十二点这段时间）的祷课，依此类推，整日都是这样。

可以想见那可怜的敲钟人有多么辛苦。他时不时要从钟楼向外望一望，以便根据太阳或者星星的位置确定时辰。但如果看不见太阳和星星，他只好跟我们那位老相识奥古斯丁修士那样，靠读圣诗来测量时间了。

当然，还有一种更好的办法。根据灯盏里面烧掉的油量，或者蜡烛的蜡量来测定时间。有一段时间，这种"火钟"非常普遍，当遇到有人问"几点了"的时候，人们就回答"一支蜡"或者"两支蜡"。人们把一个夜晚划分成三支蜡,当说现在已经"两支蜡"了,意思就是三分之二个夜晚过去了。为了更为精准地计算时间,他们也会采用油灯和截成若干段的蜡烛。

但那个年代,油灯的火焰不均匀,蜡烛的粗细也不一样,因此,用它们测量时间都不太好。人们用它们,是因为没有其他的钟可用——没鱼吃的时候,小虾米也能凑合。一些修道院急中生智,想出了规定,干脆让敲钟人去听半夜鸡叫。

听说,在中国,至今还在使用"火闹钟"。人们用木屑和树脂做成香,再放进一个小龙船里。一根细绳两头拴着小铜球,横挂在船身中间,把香的一头点燃。烧到细绳时,细绳被烧断,两粒小铜球砰砰两声落在船底放置的金属托盘里。

巴黎市民是听着教堂的钟声过日子的。鞋匠、裱糊工、纺织工、饰带工,一听到教堂晚祷的第一声钟响,就收工回家。

面包工烘烤面包,一直要烤到做晨祷时为止。圣母院大教堂的大钟撞响第一声时,木匠们才放下手里的活计。夏天晚八点、冬天晚七点,钟声发出这样的告示:吹灯灭火。于是大家纷纷吹灭油灯,熄掉蜡烛,上床歇息。这真有趣,在那个人们确定时间如此困难、差错一个小时也没什么损失的年代,让智者绞尽脑汁的一个问题就是:到底将一个小时划分成多少部分比较好?例如,有人建议将一个小时这样划分:一小时 = 四刻 = 十五份 = 四十片刻 = 六十分钟 = 两万两千五百六十原子。另一位不同意他的建议,提出一个小时应该这样划分:一小时 = 四刻 = 四十片刻 = 四百八十盎司＝五千六百四十分。

　　显而易见，这些胡说八道早已被人遗忘。只有当钟表有了锤和钟摆的时候，才有可能将一个小时划分成分钟和秒钟。

　　各个角落堆满了陶瓷牧羊人、享有盛誉的乐华^①制作的桌钟、小盒子、卷尺、风扇，还有上世纪末，与蒙哥尔费兄弟热气球^②同被发明出来的各种女士小玩具，琳琅满目。

——普希金《黑桃皇后》

---

① 指乐华梅兰公司（Leroy Merlin），法国著名的建材零售连锁集团，其总部设在法国里尔市。

② 蒙哥尔费兄弟，法国航空先驱，热气球的发明人。哥哥名为约·米·蒙哥尔费（Joseph Michel Montgolfier，1740 — 1810），弟弟雅·艾·蒙哥尔费（Jacques Étienne Montgolfier，1745 — 1799）。1783 年，蒙哥尔费兄弟用麻布和纸制成热气球，用燃烧稻草和羊毛产生的热空气使之升空。同年 11 月 21 日，两名法国人乘坐蒙哥尔费的热气球，在空中飞行了 8.9 千米，这是人类首次升空航行。

故事 二

十字军战利品

　　带锤的钟表是谁发明的，无人知晓。十有八九，这样的钟表最初是由巴勒斯坦的征服者十字军从东方运回来的。就好像卡伦－阿里－拉什德时代，阿拉伯人比欧洲人更有技术，受教育程度也更高。

　　在阴森的骑士城堡大厅里，墙壁被火把熏得漆黑，风吹得像野外一样。这里摆放着奢华的土耳其地毯、丝绸、杂色长烟管和带有花纹的大马士革钢制骑兵弯刀。很可能，跟这些亚洲奢侈品一起运来的，还有带锤的钟表。

　　最起码，众所周知的是，七百年前，萨拉丁苏丹送给自己的朋友皇帝腓特烈二世一座做工精良的带锤钟。这座钟价值五千杜卡特——在当时这可是一笔巨款。

　　这之后又过了五十年，一个欧洲国家的首都出现了第一座塔钟。英国国王爱德华一世下令，在伦敦议会大厦的威斯敏斯特塔上面放置一个巨大的塔钟。这是一座尖顶的四方形高塔，像矮人堆里的一个巨人，巍然耸立于周围所有的建筑物之中。

爬上三百六十个台阶才能抵达大汤姆——这是英国人给他们自己的第一座钟楼取的名字。

四百年来，大汤姆不知疲倦地敲钟报时。

在伦敦多雾的日子里，这座老钟塔犹如大海里的一座灯塔，向四面八方发出振聋发聩的警示信号，好像在说："时光飞逝！快点啊！快点啊！快点啊！"

下面端坐的那些头戴假发、身着长袍的国会议员们，听到这些阴郁的声音，很可能就放下手中的鹅毛笔，暂时忘掉那些法令、税收和海关关税了吧。

后来，取代大汤姆的是另外一座钟——大本钟。但这个我们留待后面细说。

继伦敦之后，欧洲的其他城市也逐渐出现了塔钟。

法国国王查理五世从德国召来钟表大师亨利·德·威克，他被委派在巴黎皇宫的塔楼上挂上时钟。为造这座塔钟，这位德国工程师连续工作了八年。时钟制作完成之后，他还负责看护这座塔钟。付给他日薪六个苏[①]，并在塔钟所在的钟楼里，专门给他配备了房间。

过了几年，另一位钟表师——这回是一位法国人，叫让·朱万斯——也为皇家城堡建造了一座塔钟。上面镌刻着一段铭文：

查理五世，法国国王

[①] 苏，中世纪货币单位，法国大革命之后取消。1 法郎等于 20 苏。

立此钟

让·朱万斯协助

1380 年夏

　　在第一批钟表师之中，只有让·朱万斯和亨利·德·威克的名字流传
至今。

钟表和井

很小的时候，我们当中很多人认为，钟表是有生命的东西。若细听，你感觉钟表里面有个小心脏怦怦跳动，而当你打开表盖，大大小小的齿轮在那里一个劲儿地转啊，闪啊，令人眼花缭乱。这是一座真正的工厂！而所有这些紧张的运作，只不过是为了推着时针和分针这两个懒人往前走。一眼望去，他俩都不像在动的样子。

任何一间工厂都有发动机——蒸汽机、柴油机或者类似的机器，它能让所有机器全都运转起来。

钟表里面肯定也有这样的发动机，毕竟它们又不真是活的生物！

我们现在用的钟表里，发条即发动机。

老式钟表里，钟锤充当发动机。这样的钟表现在也不在少数。

你是否曾经见过一种带辘轳的井？辘轳是一根上面缠满井绳的圆轴：井绳的一头固定在辘轳上，另一头系着水桶。用手柄转动辘轳，你就能将盛水的水桶提上来。但只要你一松开手柄，刚刚你费劲巴拉上来的水桶就急速往井底坠落，缠着的绳子嗖嗖地被解开，而辘轳和摇柄

飞快地旋转起来。这时候你最好离它稍远一点，否则，摇柄会毫不客气地打你一巴掌。

有可能，发明者正是参考了带辘轳的井，才发明了有锤钟表。那水桶就等于锤，而摇柄就等于指针。

你一松手，水桶就飞快往井下掉，带着巨大的加速度；摇柄旋转得太快了，根本没法计算它转了多少圈。

可钟表里的指针必须走得很慢才行。就算是秒针，走起来也不能很快，要知道我们不是要测秒，而是要测小时。还有，指针必须走得频率一致，不能像那个摇柄似的，越往后越快。

最大的难点就在这里。最好能发明一种装置，用它能减慢绳子解开的速度，防止钟锤坠落；不仅如此，最好还能让辘轳匀速转动。这种装置在所有的钟表里都有，它叫作调节器，能够让钟表走得准确无误。即使是发条钟表，也不能缺少调节器。如果将拧紧的发条松开，它瞬间就反弹回去，钟表马上就停了。所以拧发条也需要慢慢地、均匀地拧才行。

说说"兔子"

为了弄明白老式钟表里的调节器是如何工作的，就不得不回想一下我乘蒸汽轮船沿涅瓦河旅行的经历了。

码头入口处，有旋转栅门疏导着旅客。这种装置是为了不让旅客一拥而上，使他们一个一个有序地进入码头。公园门口也设置了这样的旋转入口，是为了方便抓"兔子"。当然这里说的不是四条腿的，而是两条腿的①。通过旋转门时，你将它往前推。旋转门转动起来，而后面跟着的人却进不来。

现在试想一下，钟锤放下来时，不单会让轴，还会让与之相连的齿轮也一同转起来。

我们需要用某种方式减缓这个齿轮的旋转。为此我们需要管控住齿轮，就像旋转栅门管控公园游客一样。

这里画的就是一张齿轮图。充当旋转栅门的是带着两个黑色小叶片

---

① 指逃票人。（编者注）

的轴。现在上面那个叶片卡在齿轮顶端的两个齿之间。叶片阻止齿轮通过，而齿轮推着叶片往前去。轴因此旋转半圈，此时下叶片正好卡进齿轮底部的两个齿之间，轴就这样旋转起来。为了防止调节器太过容易被齿轮转动，轴的顶端加了一根挂着两个砝码的横杠。

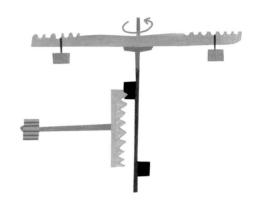

假如我们不放调节器，锤就会很快地掉下去。但一旦让齿轮转动带砝码的横杠，我们就给了它一个艰难的任务，这样它才会不急不躁，匀速地走动。

现在可以仔细看一下钟表的构成图了。这里，你们肯定已经认识了锤、轱辘、带旋转装置的齿轮（齿轮叫作触发轮或主动轮，而旋转装置叫作调节器）。

左边画有指针。这是时钟的侧面，所以没有画表盘上的数字。

轴转起来时，也带动整个机器的发动——指针和调节器都转动起来。为了传动又加了两套齿轮。左边一套

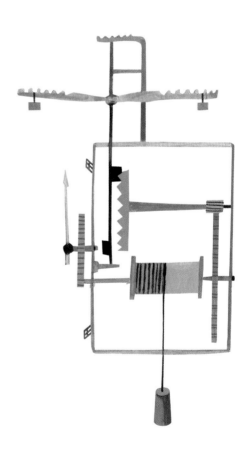

齿轮传动指针，而右边那一套齿轮让触发齿轮的轴转起来。

　　跟现在的钟表比起来，最初的钟表非常简单。它们做工粗糙，报时也很不准确。那时的钟表只有一个时针，一天需要开启好几次。这就是亨利·德·威克必须跟钟一起住在钟楼的原因，指针变化无常，只能靠一双眼睛紧紧盯住。

　　表盘上的钟点数字是一到二十四，而不是跟今天的钟表一样只到十二。头天太阳下山时敲一点钟，而翌日太阳下山时敲二十四点。

　　过去跟现在不同，一天的开始不是从子夜算起，而是从太阳落山算起的。

　　后来人们开始重新标注表盘数字，将一至十二重复写两遍——晚上和白天各用一遍。但不久之后，算法就开始跟我们现在一致了。

　　有趣的是，我们今天又开始用零点到二十四点来计算钟点了。此种计算方法在铁路上早已实行。说实话，大多数人还是习惯说"晚十一点"，而不是"二十三点"。

大汤姆的玩笑

我房间里的挂钟有时也会淘气一下。就譬如说今天中午，它不是响了十二下，而是响了十四下。

假如今天做工精良的钟表尚且如此的话，对服务咱们老祖宗的那些老式钟表，我们又能指望什么呢？

威斯敏斯特的大汤姆就玩过一次这样的小把戏，他恐怕忘了自己可不是小汤姆了。说实话，这个小把戏还救了一个人。事情是这样的——

伦敦皇宫门前有一位站岗的哨兵。有天夜里他倚着枪寻思着，这夜晚寒气逼人、雾气沉沉，离换岗还得等一些时间呢。

突然他似乎听见一阵低沉的声音。他抬起头，目不转睛地朝黑暗深处张望，仔细地倾听。

那时候的街道没有路灯，很难看清什么东西。

这哨兵顺着皇宫往外走了几步，可是那声响却再也听不见了。

恰巧此时，威斯敏斯特钟楼响起了钟声。

大汤姆是哨兵的朋友。它的钟声似乎让人感觉那煎熬又漫长的时间缩

短了。

哨兵开始用枪托轻敲地面，数着钟声的次数。

大汤姆真会开玩笑——十二响之后，它又多敲了一个第十三响。

第二天哨兵遭到逮捕。原来前一天半夜，有人从皇后的内室偷走了一串珍贵的项链。

我们这位老兄被控告在岗睡觉，连小偷从街上潜入皇宫都没听见动静。

如果这个可怜的人没法证明昨天半夜他没睡着，一定有他好受的了。但幸运的是，他及时地想起了大汤姆敲的十三下钟声。

于是，人们前去询问住在威斯敏斯特钟楼的守钟人。

这位守钟人证实，大钟昨天半夜真是敲了十三下。

这样的证词无论如何也没办法反驳了。于是，哨兵被释放了。大汤姆就这样救了自己朋友一命。

稀奇古怪的钟

在老莫斯科城内，也有自己的"大汤姆"——那就是克里姆林宫内的斯帕斯克塔钟。

这座塔钟是用一种特殊的方式建造的。

一般来说，钟表上是指针转动，表盘不动。这里却相反——表盘转动，不动的是指针。甚至钟的指针也稀奇古怪：一个光芒四射的小太阳，被固定在表盘上方的墙上。

最重要的是，表盘上不像平常那样有十二个钟点，而是有整整十七个。

用这种奇怪的钟，莫斯科人怎样看时间呢？

我们在旅行家的日记中寻找到了问题的答案。旅行家梅耶尔伯格[①]在日记中这样写道：

他们是看日出日落来定时间的……俄国人把一天分为二十四

[①] 阿弗古斯金·梅耶尔伯格（1622 — 1688），奥地利外交官。1661 — 1662 年在莫斯科生活，留下有关俄罗斯的日记。（原注）

小时，但根据太阳有或者没有来计时。出太阳时，钟敲一点，接着一直敲到太阳落山为止。这之后，人们再开始从头计算晚上的时间，一直到翌日来临……白昼最长的时候，钟表显示并敲响了十七下，那样的话，夜晚的时间只剩下七个钟头了。

那时候计时是多么困难啊！难怪要有人经常查看钟表的运转情况。住在钟楼里的守钟人哪天喝醉了，钟也会耍花招，弄得商号里的商人和公务员办公室的文书丈二和尚摸不着头脑。

每到夜晚，斯帕斯克塔楼的钟声一响，整个城市钟声齐鸣。

"每一条街道都设有守卫，"梅耶尔伯格说，"他们每个晚上听到钟声报时几下，也同样敲击排水沟或木板几下，以此向夜间游荡的坏人发出警告。"

没人知道，古老的斯帕斯克钟后来怎样了。到了十八世纪，依照彼得大帝的指令，钟楼上已更换成了另一个从荷兰定制的大钟。

巨人和矮子

你们是否注意到，事物一直在发展变化？

两百年前，三层楼的房子都少见，而现在美国正在建一百层甚至更高的高楼大厦。跟今天的远洋巨轮相比，第一艘蒸汽轮船就是一个小矮人。这样的例子到处都是。

然而在钟表方面，情形却相反。最早的机械钟表是体型庞大的塔钟，钟锤重达好几十磅。

钟表缩小到挂钟、台钟和怀表的尺寸，是很多年之后的事情。

当最早的便携式钟表遵照法国国王路易十一的指令制造出来的时候，大汤姆已经两百岁了。这些便携式钟表并不是很小的那种——至少还不能放进口袋。国王旅行期间，放钟表的箱子还得让马匹驮运。一位名叫马丁·格里耶的马夫专门照顾马匹和钟表，他的酬劳是一天五个苏。看得出来，他在看管马匹和钟表两方面都是能手。令人好奇的是，他会不会偶尔搞混他的差事，试图用燕麦喂钟表或者给马匹上发条。

直到公元 1500 年左右，怀表才终于出现，它是由德国纽伦堡的钟表师彼得·亨莱因发明的。听说，他还是小孩子的时候，才能已让大家称奇。

事实上，只有极具才华的人才能胜任这一项任务。

最大的困难在于用别的驱动装置代替钟锤。彼得·亨莱在这里使用了发条。

发条主要的特点就是固执。无论你把它拧得多紧，它都努力要挣脱开。彼得·亨莱因决定利用这一个特性。

怀表的机械装置深处藏着一个黄铜做的扁圆形小匣子。

这个"铜鼓"，就是容纳钟表驱动装置——发条的小房子。发条里面的一头固定不动，跟铜鼓的轴连着；外面的一头被固定在小铜鼓的弧形筒壁上。

为了让钟表走起来，我们旋转小铜鼓，从而拧紧发条，于是发条外面的那一头转了一圈又一圈。但是只要我们撒开发条不管，发条就开始回转，外面的那一头又回到最初的位置。而小铜鼓也一样，先前往前转了多少圈，现在就要退回来多少圈。

这就是奥妙所在。

好几个齿轮将铜鼓的转动传递给指针，这就跟带锤的钟原理一样。

为了减缓发条松开的速度，彼得·亨莱因也同样利用了大型钟表里面用到的调节器。

下页的图很有可能就是亨莱因本人制作的一款铁制怀表。底盖拿掉了，以便你们看清楚内部机械构造。右边是一个大齿轮，它跟铜鼓位于同一轴上，铜鼓就在大齿轮下面，这个大齿轮就充当驱动装置。把钥匙插到小齿轮的轴上，转动它，小轮就会带动大齿轮和铜鼓。其他给指针传动的齿轮藏在薄片的下面，整个机械的内部都被这个薄片盖住了。左边是带着两个砝码的调节器，跟大型钟表里带砝码的横杠作用一样。

这种表只有一根指针，也没有表壳玻璃。每个钟点那里都有个小凸点，看不见的时候，靠手摸就知道是几点钟。

需要那些凸点还有别的原因。在古代，做客的时候看钟表被认为是一件很不礼貌的事。如果你看表，主人会以为你已经厌烦了。所以，当客人准备离开之时，他就把手伸进坎肩的小口袋里，不被觉察地摸一下指针和它旁边那个凸点。

三姊妹——三指针

世上没有一成不变的东西。年复一年，斗转星移，物体的形状也有或多或少的改变，有些变简单了，有些却更复杂。每一件小东西、每一个小玩意儿都有自己说不完的故事。

请你掏出自己的怀表，放到自己面前的桌上。你看见了什么？写着十二个数字的表盘、三个指针、玻璃表壳，还有用来上发条的小帽儿。看起来，就只有这些了。但这仅仅只是看起来。

表盘有表盘的故事，指针有指针另外的故事，玻璃表壳有第三个故事，发条小帽儿有第四个。

就拿指针举例说明吧。三姊妹（三个指针）中，最年长的是时针，它有好几百岁了。分针要年轻一些，她大约出现在公元 1700 年。而最小的妹妹是秒针，它比分针晚出生六十年。

那么玻璃表壳呢？最早的怀表没有表壳。玻璃十七世纪初期才出现。

表帽一开始只是为了悬挂方便而做的，并且不是拧表帽而是拧钥匙，钟表才走。

为什么钟表的变化如此之大？再比如，为什么时针要比分针早出现？分针又要比秒针早出现？

原因就在于，在古代，十四至十五世纪时，只要时针一个指针就足够了。那时候，时间不需要被测量得那么精准。人们那时候外出机会不多——既没有好的路走，也没有好的马车用。

城市里静悄悄，没什么人流，只有难得一见的集市才会令城市广场热闹起来。四处行走的商人遍访财主老爷们的领地，兜售从亚洲各国运进来的香料、布匹染料和药材。这些商品要花好几个月，甚至好几年才能从遥远的国度运来。人们的生活过得不紧不慢，也不去考虑和计算自己的时间。最早的怀表不过是漂亮又贵重的玩物而已。

但时光荏苒，生活在改变。贸易渐渐发展和扩大起来。人们越来越频繁地乘船出海采购商品。在寻找印度的航行中，商人航海家抵达了赤道，绕过了非洲大陆，发现了美洲大陆，深入了传说中的墨西哥。新发现的国家纷纷派出自己的商船队，满载金银、胡椒、丁香、咖啡航向欧洲。而非洲开始了黑奴贩卖，成千上万的黑奴被运到美国的种植园里。

造船厂叮叮当当的铁锤声越敲越响。城市之间，一条又一条新的道路建成。城市完全变了模样，商店的招牌五光十色。紧挨着工匠们的小作坊，已经开始出现几十和几百人的大型工厂。终于，第一批汽车的轮子开始转动了。

几个世纪以来，生活节奏越来越快，生活越发嘈杂，越来越商务化。人们也越来越珍惜时间。

如果说十五世纪只需一个时针就够的话，到十八世纪，这已远远不

能满足需求了。这时，分针应运而生，之后又出现了秒针。钟表不再是玩具了。到了二十世纪，已经没有一艘船舶会不带着精准的计时表出海，没有一列火车不听时刻表的调度，也没有一间工厂的运转离得开准确的时间制度了。

不久前，我们整个国家的运转还不是依靠钟表，人们日出而作、日落而息。我们没有自己的钟表厂，农村更是难得见到钟表，但现在国家彻底改变了。不仅城市需要钟表，农村也用得上；不但工厂在用，集体农庄也要用。苏联的第一个五年计划里就已经开始了钟表批量生产。

如今，钟表在我国是必需品之一了。那些懂得使用钟表的人，那些不但懂得用分钟，还会用秒钟计算时间的人，就是我们国家最佳的劳动者。

纽伦堡鸡蛋和它们的小鸡儿

最初的怀表被人们称为纽伦堡鸡蛋，尽管它们真实的样子不像蛋，而是一个小圆盒。很快人们就赋予了钟表各种各样的外形。有星形的、蝴蝶形的、书形的、心形的、百合花形的、橡果形的、十字架形的，甚至还有骷髅形的。总之，五花八门，应有尽有。

这些钟表常常装饰有小型彩画，镶嵌着珐琅和宝石。

将这些漂亮的玩具钟表放进口袋里真是太可惜了。因此人们开始将它们挂在脖颈上，戴在胸前，甚至系在肚子上。

有些花花公子戴两块表——金、银各一块——就为了炫富。

怀表装在口袋里，被视为有失体面。

钟表匠已非常娴熟地掌握了制表工艺。他们已能制成小巧玲珑的钟表，这些钟表有的可以像耳环一样佩戴，有的能代替戒指上镶嵌的宝石。

嫁给英国国王雅克夫一世的丹麦王后有一枚戒指，戒指上就嵌着一块手表。但这块表报时不敲钟点，而是用一把很小的锤子轻轻敲打戴戒指的手指头。

做工粗糙的纽伦堡鸡蛋能"孵化"出如此神奇的东西，简直令人赞叹不已！做这么一枚戒指，需要如何精湛的工艺啊！要知道那个年代可都是手工生产。

而今，钟表都由机器生产了，钟表匠只负责组装机器生产出来的零配件。他们能够调度各式各样的车床、切割齿轮的机器等设备。难怪现在钟表那么便宜，人人都买得起。

但我们现在谈论的那个年代，不管是制作质量好还是质量稍差一点的钟表都不容易，钟表价格也较贵。因此，国王想要奖励自己的大臣们时，赏赐他们钟表就一点也不令人意外了。

法国大革命时期，许多医生、药剂师和宫廷用品供应商因此都想竭力甩掉国王赏赐的这些礼品，因为说不定会掉脑袋的。

公 爵 与 扒 手

有一次，在欢迎会上——或许，像当时人们传说的那样，是在受觐仪式上——奥尔良公爵的宫里发生了一件有趣的事情。[①]

公爵有一块非常漂亮、价格不菲的手表。

受觐仪式快结束的时候，公爵才发现手表不见了。

他的一位副官大声地喊："先生们，应该关上大门，一个一个盘查！殿下的手表被偷了！"

但公爵自认为自己并不笨，说道："没必要盘查。不出半小时手表自己会响的，到时候是谁偷的就清清楚楚了。"

可最终，手表并未找到。很可能，扒手比公爵更聪明，他及时想到，只要把手表弄坏，它就不响了。

会响的怀表并非什么时候都方便。怀表每隔半小时就要响一次，人们会说，手表铃声妨碍说话。有可能，正因为这个，带响铃的怀表终被

弃用。

后来，两个英国钟表匠设计了一款手表，只有揿一下表帽，手表才响铃。

我还有幸见过著名的路易·宝玑^①设计的一款报时手表。你揿一下表帽，就会听见一组不同凡响的旋律。

小锤先敲整点，再报几刻钟，最后报分钟。

英国国王查理二世将一款刚刚发明出来的报时手表作为礼物送给法国国王路易十四。为了让人无法破解发明者的机密，英国表匠安装了一个法国人无论如何都无法打开的小锁。将表盖打开弄清楚里面的机械原理是绝无可能的。

法国国王的钟表师马丁尼使出浑身解数，也未能成功破解。在他的建议下，人们将手表送到加尔默罗修道院一位九十多岁的老钟表师让·特鲁切特那里——这位钟表师在这个修道院度过了一生。人们请老人家打开手表，但没有告诉他是谁的表。特鲁切特没费什么劲儿就打开了表盖，破解了英国钟表师的秘密。当有人告诉他他将因此获得每年六百利弗尔^②退休金的时候，他简直惊讶极了！

---

① 路易·宝玑（Louis Breguet，1747—1823），著名的法籍钟表设计师，巴黎科学院院士。由他设计并在他自己的工作室制作的响铃怀表以其走时精准而著称，受到全世界赞誉。人们用他的名字命名他设计的表。这位钟表大师还发明了当时最好的精密计时器、精密物理设备等。（原注）
② 利弗尔（法语 Livre），法国古货币单位，1795 年后停止流通。1 利弗尔等于 20 苏。

雅克玛和他的太太

如果你有机会在法国的第戎城短暂停留，一定会有人将雅克玛和他的太太指给你看。雅克玛是一位中年男子，头戴一顶宽檐帽，嘴里叼着烟斗。而他的太太，跟那些专门从郊区乘车到第戎来赶集的农妇没什么两样。

可这并不妨碍雅克玛举世闻名。有一首名叫《雅克玛的婚姻》的长诗就是专门为纪念他而写的。第戎市民总是恭恭敬敬地看着他们俩——从下向上仰望。当然不这样看也很困难，因为雅克玛夫妇从未从他们居住的高高的钟楼上走下来过。而他们爬那么高，就是为了每到整点的时候，用他们手里的锤子敲打那口声音洪亮的大钟。

雅克玛夫妇的塑像很早就立在这里了——跟亨利·德·威克的钟表同一时期。据说他们将这两座青铜塑像命名为雅克玛，是采用了制作他们的钟表匠的名字。后来又加了一个小人塑像，他专门负责每刻钟的报时。时间如白驹过隙，又是几百年过去了。大大小小的城市里，到处都是这种会敲铃的钟表塑像或组合钟。其中有一些钟表好像音乐盒一样。钟里的机械

举起小锤随后再放下，跟钢琴弹起的琴键一样。小锤敲打铃铛，让它发出声音。

还有一种带琴键的组合钟。人们跟弹琴一样，弹这样的钟表。

这些铃铛是被挑选出来的，敲击的时候，第一个发出"do（哆）"音，第二个发出"re（来）"音，第三个发出"mi（咪）"音……以此类推。这些铃铛可以弹奏出各种各样的歌曲。三十个甚至四十个铃铛组合而成的钟也不少见。

它们曾经风靡一时，特别是在荷兰。也许，彼得大帝对音乐钟的嗜好也是从那里带回来的吧。圣彼得堡的许多教堂都安装了花大钱从国外定制的这种组合钟。因为俄罗斯人不知道这些东西怎么玩，所以只得同时聘请钟表乐师来弹奏，俄罗斯人把他们称为"铃铛演奏家"。

有一条历史记载是这样的：

> 1724 年 4 月 23 日，建筑署与一位名叫约翰·科列斯特·弗罗斯特的外国演奏师签署了一份合同，规定这位演奏师负责弹奏位于圣彼得堡要塞的彼得洛巴甫洛夫斯克塔尖钟铃，服务大帝陛下，为期三年。

彼得大帝还拥有其他非同寻常的组合钟，如一款像水钟一样通过流水传动的、带玻璃铃铛的钟表。1725 年，在彼得霍夫还举办了一个彩灯会。一位去过的游客说，这些水钟令他们印象特别深刻。他们当时称这些钟为"用水走的钟"。

莫斯科的斯帕斯克钟楼也设置了组合钟。钟楼上安装了三十五个铃铛，弹奏《普列奥布拉任斯基团进行曲》和《因为光荣》。①

　　现在，不仅仅只有莫斯科市民能听见斯帕斯克钟楼的钟声，每天子夜，广播电台将钟声传遍全世界。先是小铃铛敲响每刻钟的钟声，然后大铃铛也敲响了，而十二响之后，响起苏联国歌庄严的旋律。

---

① 《普列奥布拉任斯基团进行曲》，非常古老的一首俄罗斯进行曲，词曲作者均不详，又被称为《彼得大帝进行曲》《彼得洛夫斯克进行曲》，是俄罗斯最著名的军人进行曲；《因为光荣》，1794 年春，俄罗斯作曲家德米特里·波特年斯基（1751 — 1825）根据诗人米哈伊尔·贺拉斯科夫（1733 — 1807）的诗歌创作的歌曲。

两个小男孩

你们还记得吧，我们开头说到钟表故事的时候就曾经说过，测量时间有许多种方法：读了多少页书、油灯里点完多少油，等等。

不久前，我就此问题跟一个小男孩有次对话。

"有没有可能用这种方法来测量时间——用皮靴靴尖敲击地板并计数？"他问。

没等我回答，我这位小朋友自己已明白，他的办法是行不通的：因为两次敲地板相隔的时间无法完全相同，更不要提用脚尖轻点地板这项工作一点也不轻松了。

要测量时间，持续的时长必须完全一致才行。要知道，没有人会用时长时短的工具来测量时间。

很久以前，人们开始琢磨这个问题：什么东西持续的时长是恒定的呢？

有些人说：从头一天日出到第二天日出的时长——昼夜二十四小时——就总是一样。

说法没错。人们因此才制作了依靠太阳报时的钟表。但这种钟表不太便利，你们已经知道这一点了。

还有另外一些人用其他办法来解决问题。他们说，水从容器里流出来，所需时长总是一样的。这说得也是对的，保证洞眼不被堵住就好；而水钟要走得准，还需要同时具备其他很多条件。

即便如此，就算是克特西比乌斯自己设计的水钟，也只能报钟点，还不能报分钟。

还有，水钟很容易坏：稍有点什么塞住了流水孔，钟就停止不走了。

带锤的钟表更简单，更牢靠。但也没人能保证锤是匀速下落的。这就难怪古代的钟表误差要比现在大许多了。钟表的制作需要非常精细，并且要根据太阳位置认真校验，钟表才能正常运转。

所有这些钟表无一例外都比我刚说的用小男孩的靴子测量时间要更好。

大约三百五十年前，还有一个小男孩也在寻找持续时长恒定的东西，他就是伽利略·伽利雷①。后来他成了著名的科学家，还因为提出地球围绕太阳旋转而差点被烧死。

当然，太阳系如何运作、是否是太阳围绕地球旋转，都不取决于他。但是，伽利略敢于在那个黑暗年代证实现在每个中学生都知道的事情，并且为此他差一点被处以极刑——像当时人们所说的"不流一滴血"，被架在火堆上，当着他所有同胞的面赴死。

关于伽利略，人们常讲的还有一个故事。当他还是小孩子的时候，偶然走进一个正在做礼拜的教堂，他的注意力很快被一盏巨大的吊灯吸

---

① 伽利略·伽利雷（Galileo Galilei, 1564 — 1642），意大利伟大的科学家，他在物理、天文学方面多有建树，但遗憾的是，他还因为迫于宗教裁判所的压力放弃自己的主张而闻名。（原注）

引了。那盏灯用长长的链子连接，从教堂的穹顶垂挂下来，就在他不远处。有个人的肩膀或头部碰了一下那盏灯，结果它开始一前一后慢慢地晃动起来。

伽利略感觉到，刚开始时，油灯来回晃动的时长是一样的。渐渐地，油灯晃动幅度越来越小，直到完全静止不动；但即使是晃动幅度很小的时候，晃动的时长也还是一样。

后来伽利略验证了自己的这一观察结果。他发现，所有的摆——用线拴着的重物——摆动的时长都相等，只要线的长度相等。线越短，每次摆动的时间就越短。

你可以自己做几个不同长度的摆，并把它系在床头。如果你让它们摆起来，你就会发现，短线摆比长线摆的摆动次数要多；线长度相同的，摆动时长也相同。

可以做一个摆，让它左右摆动一个来回正好是一秒钟。要做到这一点，摆的线长必须刚好一米。当伽利略有了这些发现之后，他明白了，自己终于解开了一个古老的谜题——他找到了持续时长恒定的东西。他开始思考，怎样才能用它改进钟表，使得摆可以调控钟表的运行状态。

伽利略没能制成这样一款钟表，但另一位著名的科学家做到了。他就是荷兰人克里斯蒂安·惠更斯[1]。

---

[1] 克里斯蒂安·惠更斯（Christiaan Huygens，1629 — 1695），荷兰工程师、物理学家、数学家。1657年，他不但发明了带触发器的摆钟，并且建立了相关的理论，还确定了钟摆的摇摆规律。在这幸运之年，他撰写了最早的一篇概率理论的论文。而这些仅仅是惠更斯在数学、物理、天文天体学方面一系列伟大发明的开端。（原注）

钟摆说的话

　　我记得很小的时候，当我还不明白为什么有钟表存在的那会儿，钟摆给我的感觉就像一个严厉的人，他没完没了，总是重复着教训人的话。

　　例如：

　　　　不——许，不——许
　　　　吮——吸，手——指

　　后来，当我对这门要根据指针位置判断几点钟的艰深学科有所领悟的时候，我还是无法摆脱钟表带给我的某些恐惧感觉。我感到，由无数齿轮组成的复杂生命活动始终是我无法理解的秘密。

　　尽管如此，钟表的构造却一点儿都不复杂。这里是挂钟的一个图例。

　　这里你很容易找到锤和缠绕着钟锤绳的鼓形轮。鼓形轮带着一个齿轮一起转动。这第一个齿轮带动一个小齿轮，连着这个小齿轮的就是与它同轴的"时钟轮"。之所以这么叫，是因为时钟的指针跟它固定在一起。

时钟轮再带动另一个小齿轮，跟这个小齿轮连在一起的则是主动轮。这些构造几乎跟伽利略及惠更斯之前的那些钟表构造相同。区别在于这里还没有轴和调节器，另一种装置代替了它们。这种装置可以控制主动轮，不让钟锤下降太快。

那就是顶部有那个船锚形状的钩子。

它的名称就叫锚。

这个锚始终跟挂在钟表后面的钟摆一起摆动。

我们来看，如果锚的左钩卡在主动轮里，主动轮就会停下来。但这时锤还在做功，使被困住的主动轮又从扣钩上脱开。钩子一抬起来，就将主动轮的齿放开了。这样，钟摆就摆去了左边，上面锚的右钩又落下来，于是又控制住了主动轮。

一直这样循环下去。钟摆左右摆动，齿轮每次前进的步幅不超过一个齿。

我们知道，钟摆的每一次摆动时长都相同。很明显，钟摆使得整台机器运行得均匀又准确，时针走的都是同样的步幅，没有差错。

现在的钟表又多了分针和秒针。

为此还得再多加几个齿轮。

这些细节，就无须我们啰唆了。

你们可能会提出这样的问题：钟摆摆动如此频繁，也就是说，主动轮要走得足够快才行。但为何跟它连在一起的时钟轮却转得那么慢，十二个小时才走完一圈？

原来，主动轮和小齿轮都是经过挑选的，这样就能确保它们按我们所需的速度运转。

假如某个齿轮有六个齿，跟它咬合的大齿轮就有七十二齿；大齿轮转一圈，小齿轮转的圈数则是七十二除以六——十二圈。即，小齿轮的转速是轮子的十二倍。

重点就在于挑选的齿轮齿的数量要合适。

为了时钟轮上的齿不至于太多，在时钟轮和主动轮之间，还可以附加一对齿轮，即连齿轮。

例如，你可以这样操作：让时钟轮的转速是连齿轮的十二分之一，而连齿轮的转速又是主动轮的六十分之一。这样一切都圆满了：做出来的齿轮不会很大，它们的速度也都正好。

过去的工程师

　　钟摆被发明出来之后，钟表终于成为很精准的计时器。随着时间推移，钟表的构造变得越来越好，钟表随之也越来越便宜和普及。

　　事情都是如此。

　　无线电发明之时，知道的人并不多，且多为道听途说。但随着科学家对无线电设备的改良越来越多，无线电的质量开始变得越来越好，也越来越普及。现在见了乡村房舍屋顶架起来的小树杈般的天线，谁都不会大惊小怪的。

　　钟表有点不一样。亨利·德·威克制成钟表都已经过去两百年了，在巴黎却还是更常见到水钟或者沙漏，而不是机械钟表。

　　那个时候，巴黎钟表工坊刚刚出现，里面总共才七人。但两百年之后，钟表工坊的人数达到了一百八十人，甚至出租马车的车夫身上都带着表了。

　　假如我们能够穿越到十八世纪，去看一下钟表工坊，我们就会看到一间大房间，靠墙有张长条桌。桌边好几个系着围裙的人在干活。这些都是学徒，坐在快被一代代学徒磨破的皮凳上，认真细致地做着自己的工作。桌上是各式各样的锉刀和小锤。但你们找不到一台机器、一部车床。所有东西都是手工做的，而且做得非常精巧！

例如，请看这一座青铜钟，钟顶有一座带小巧穹顶的建筑，钟脚的四个角上各有一个大胡子巨人支撑着。墙壁上是精雕细琢的花纹图案。穹顶四周和底座上刻着狮子、长着翅膀的怪兽和其他神奇动物的小像。

可是钟表店的老板在哪里？他正站着接待一位来买钟表的贵族子弟呢。穿着长衫、头戴圆兜帽的老钟表匠跟这位尊贵的买家解释着，他再不能赊账买表了。因为这位贵族大人已赊欠了五百利弗尔。

透过敞开的大门，看得见贵族大人的那辆马车——是一辆宽敞稳重的四轮大马车，轱辘巨大，车篷是弧形的。看上去，老店家还是会妥协的。和这样一位显赫之人过不去很危险：一不小心，你就会掉进巴士底狱。

要想成为一位好的钟表匠，必须非常熟悉机械学。

那时候还没有技术学校，知识的传承都是父传子，师傅传徒弟。难怪古代许多天才的发明家都是钟表工匠。

水力纺纱机的发明者阿卡莱特就曾是一位钟表工匠，人们叫他"诺丁汉钟表匠"。发明了珍妮精纺机的哈格里夫斯，也是一位钟表匠。最后，蒸汽轮船的发明者富尔顿也是一位钟表专家。这些工程师都不是在工艺技术高等院校，而是在钟表店里学习的。直到今天，人们还在使用他们发明的机器——当然，是经过改良的。但这还说得不够。正是靠着钟表工匠之

手——这些习惯与细小得勉强看得见的东西打交道的手——宏伟的事业才得以完成。

今天我们周围那些精美的机器，很多都是来自钟表（以及水力机械）。

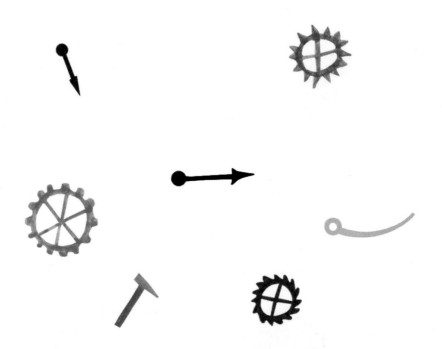

机械人

　　关于人制造机械人的故事有很多，它们能乖乖地做任何事情，只需要你按一下按钮。其中一则故事是关于一位机械人发明者的。这位发明者家里没有一位仆人，所有的活儿都是那些穿着整洁、毫无声响、做事麻利的人偶干的。发明者认为人偶的脑袋没用处，所以做的人偶都没有头。其实机器根本就不需要人的外形。如果你们去的是纺织厂，会看到一台效率比一千个纺织女工更高的机器。显然，做一千个手拿纺锤的机器女工取代这样一台并不太大、也不耗费许多材料的机器，实在显得荒谬。

　　阿卡莱特、哈格里夫斯以及其他早期的发明家，对此都非常清楚。

　　但在钟表匠中，仍有一些中意制造机械人的。其中，果真有些钟表匠成功地生产出了不少这样的人偶。这些人偶，说真的，虽然毫无用处，但都是做工巧妙的玩具。

　　1777 年，《圣彼得堡公报》第 59 期上，刊登了这样一条告示：

　　经警察总署许可，位于喀山大教堂和斯耶兹热亚河之间的马尔科夫宫将展出一台此地从未展示过的非常精美的机械音乐机。这是一位穿戴十分讲究的机械人女士，坐在略微被抬起的台基上，正在弹奏摆在她面前的一架制作精良的钢琴。她一共会弹十首精心挑选的符合最新潮流的曲目，包括三支小步舞曲、四支咏叹调、两支波兰舞曲和一支进行曲。她非常娴熟地弹奏曲目中那些最困难的部分，在开始演奏每一支曲子之前，她还会跟所有的观众点头致意。欣赏着她从容自如的手腕动作、自然的眼神和细微的头部转动，无论精通机械学的学者，还是一般的艺术爱好者，无不心旷神怡。它能为所有的观众带来惊喜。每日参观时间：早九点到晚十点。每人只需付费五十戈比即可入场观赏，知名绅士收费不限。

还有一些制作更为精良的自动机械。

例如，法国工程师沃甘康制作了三个木偶——长笛手、鼓手，还有一只鸭子。它们看上去简直活灵活现，吹长笛的人能吹十二支曲子。

长笛手自己吹着笛子，手指飞快地移动。鼓手则能打出嘀嗒的滑音和铿锵的进行曲。而那只鸭子做得跟真鸭子一样：它会游水，会嘎嘎叫，拍打翅膀，会啄粮食吃，还会喝水。

长笛手、鼓手和鸭子的一生充满了历险。从一个东家到另一个东家，从一个展览到另一个展览，为了赚钱，它们巡回游历了几十年。有一次在纽伦堡一家酒店停留时，因为主人欠债未还，它们还遭到了拘捕。它们被公开拍卖，拍卖槌一落，我们的三位旅行者就这样被卖掉了。买下它们的是一位有点古怪的老头。他遇到什么都喜欢收藏起来。他家花园的一个亭子里，各种稀罕之物堆积如山，其中就有长笛手、鼓手和那只鸭子。整整二十五年，它们被丢弃在亭子里无人问津，在一堆中国木偶和毛绒鹦鹉中间，显得很不协调。

花园里很潮湿，亭子的顶还漏雨。它们内部的发条和齿轮都生满铁锈了。

本以为，它仨大概完蛋了，但结果出乎意料。这三台机器比它们的主人活得更久。

到了最后，这位老收藏家不得不跟自己的收藏品告别，而继承者很快卖光了他收集了几十年的宝贝。长笛手、鼓手和鸭子重获自由了。但此时才发现，长笛手的一个手指头不动了；鼓手完全瘫痪；鸭子呢，不会嘎嘎叫和拍打翅膀了。这下只得将它们送去能工巧匠那里修理了。

后来它们得以在展览摊位那里重获快乐和新生。长笛手和鼓手结局如何，我不得而知。很可能，它们直到现在还在某个地方的博物馆展架上安静地摆放着呢。而鸭子已经不在了，它死在一百四十一岁那年——葬身于下戈洛德市展览会的一场火灾中。

自动机械人的制作者当中，最有名的设计师当属德罗兹父子俩。他们做了一款小男孩模样的机器玩具。小男孩坐在小桌子后面的凳子上伏案写字，还不时地将笔伸进墨水瓶里蘸墨水，随后将笔尖上多余的墨水刮掉。小男孩写的整个句子的字迹都非常漂亮，哪里该用大写字母，哪里该另起一个词，哪里一行结束再起另一行等等，他全会。此时他时不时看一眼摊在他面前的书本，一字不差地在抄写自己的功课。

另一个玩具是一条小狗，它守着一只装着苹果的小篮子。如果你从篮子里拿走一个苹果，小狗立即大叫起来，跟真狗的叫声一模一样。假如有真狗在跟前，它们一定会回应吠叫的。

除此以外，德罗兹父子还做了一个能弹奏各种曲目的女钢琴家。或许后来在圣彼得堡展览的就是这一架"音乐机器"。

但是，德罗兹父子最令人称奇的作品，是一个能够完整表演一台戏剧的木偶剧院。

舞台呈现的是阿尔卑斯山草场，背景用群山勾勒。草场上一大群牛羊在吃草，牧羊犬在旁守护着。山那边，农舍隐约可见。而农舍对面，舞台的另一头，溪水旁有一座小磨坊。

当一位农民骑着小毛驴从农舍小院走出来的时候，木偶戏就开始了。他赶着毛驴去小磨坊。当他走近牛羊群时，小狗开始叫起来。这时，只见牧羊人从不远处的小山洞里走出来，想看看谁来了。回到小山洞之前，他掏出牧笛，吹了一支好听的曲子，牧笛声余音回荡。

此时，那位农民已经过了小溪上面的那座小桥，进了小磨坊的院子。他从那里步行返回时，手里牵着小毛驴的缰绳，而小毛驴的背上驮着两袋面粉。过了一会儿，他回到家时，牧羊人也回到了石洞。于是舞台又回到了开场时的场景。

需要补充的还有一点，在这个小小的舞台上，还有一片天空，太阳正缓缓升起。当钟表指向十二点时，太阳正好升到最高处，然后再缓缓降落。

有趣的是，德罗兹父子中的一位还制作过一台新奇的带木制锅炉的蒸汽机。

这真是一个非常有趣的时期。在发明"会自己走的轮船"和蒸汽机的同时，工程师们还发明出了机械小狗和机器牧羊女。按照普希金的说法，客厅各个角落站着各种各样十八世纪末制作的妇人玩具，和蒙哥尔费热气球混在一起。

无论如何，这些玩具跟钟表一样，成就了一项伟大的事业。它们推动了发明家想象力的向前发展。许多为玩具设计的零部件后来都用到了真正的机器上。研究汽车的历史，不难发现沃康桑①玩具与纺织机、蒸汽机之间的联系。而这种联系早就被马克思锐利的眼睛发现。在一封写给恩格斯的书信中，马克思写道：

……十八世纪时期，钟表首先使人们产生了将自动机械运用到生产中去的想法（其中就包括带发条的机械）。历史可以证明，沃康桑在这方面的尝试对于英国发明家的梦想产生了巨大的影响。

俄罗斯也有不少有专业技能的机械人。例如，在农奴日常生活博物馆（位于圣彼得堡），我就见过一种带音乐盒和路程计量器的轻便马车。你驾车时，音乐盒放的歌和进行曲可以让你心情愉悦，而路程计量器会将你走过多少俄里、多少沙绳和多少阿尔申②都记录下来。音乐盒的内壁上有一个穿着农民长褂的大胡子男人的肖像。下面写着：

---

① 雅克·德·沃康桑（Jacques de Vaacanson，1709 — 1782），法国工程师。他设计了一系列基于钟表机械原理、可以实现复杂运动的自动化装置。
② 1 俄里 =1.0668 千米 =500 沙绳（俄丈）=3 阿尔申（俄尺）。

该马车的制作者

为下塔基尔工厂的一位居民

伊戈尔·格里戈利耶夫·热林斯基。

其凭着

潜心自学

有趣的学识获得成功

自 1785 年开始，到 1801 年完成。

为了制成一个玩具，这个人居然耗费了他一生中整整十六年的光阴！

另一位俄罗斯的自学成才者是库里宾。他设计制作了一个鹅蛋那么大的钟，可以每个小时、每半个小时和每一刻钟报时。每个整点，鹅蛋中央的小门就会打开，有一些小人出现，表演结束后，钟声响起，门又自动合上。

关于俄罗斯杰出的钟表匠和钟表发明家伊凡·彼得罗维奇·库里宾的故事，是值得详细说一说的。

要是库里宾出生在美国，或者英国的某个地方，他一定也会像富尔顿和阿卡莱特一样举世闻名。

但库里宾出生并成长于农奴制时代，也就难怪他的命运与富尔顿和阿卡莱特迥然不同了。

发明家的命运

发明家的命运，即发明的命运。

富尔顿一生当中最重要的日子，就是他发明的蒸汽轮船冒出滚滚蒸汽、蒸汽轮快速转动着驶离纽约市码头、开始自己首次远航的那一天。

在库里宾的一生当中，这样重要的日子不止一次。

他发明的借助水流自身的力量、可以逆流而行的"自动航行船"，完美地通过了涅瓦河和伏尔加河上的实地检验。两位划桨手划着小艇，勉强才能跟上负载四千多普特①重货物的"自动航行船"。

成群结队的市民潮水般涌进圣彼得堡的塔夫里切斯基公园，只为一睹在那里展出的库里宾单拱桥巨型模型。他只用一个巨大的弧拱就将涅瓦河两岸连接起来。库里宾的信号机也可与法国人沙帕的信号机相媲美，按当时人们的说法，那是制造"远程通信机"最成功的尝试之一。

但是，那时正逢富尔顿一条又一条的蒸汽轮船下水，沙帕正在法国建

---

① 普特，重量单位，1 普特等于 16.38 千克。（编者注）

造他的电报塔，而围绕库里宾的发明创造所发生的事情，可以说荒谬至极。在所有对"一个普通的俄罗斯男人的聪明才智"的赞扬和热情过去之后，库里宾被要求将"自动航行船"交予下诺夫哥罗德杜马"保管"，随后省府又下令——显然是为了更"安全"——将船报废卖掉。某个品级很低的评估师估价两百卢布，贱卖了这条船，"电报信号机"则被当成珍品运进了珍宝馆。而在塔夫里切斯基公园，无人看护的单拱桥模型早已一命呜呼，它哪里经得起坏天气和调皮孩子的双重折磨。

在美国，要是有人将富尔顿轮船拿去报废贱卖，一定会引起众人嘲笑的。但在农奴时代的俄罗斯，甚至没有一个人想过要去质疑省府那些官老爷们的智商，正是他们将库里宾的"自动航行船"宣判了死刑。

库里宾没能证明他的自行船可以将伏尔加河上成千上万名纤夫从纤绳中解放出来。那时人类的劳动如此廉价，以至于没什么人有珍惜它的想法。地主根本不需要库里宾的机器引擎，穿着树皮鞋的活引擎，他们要多少有多少。

人们对机器没什么需求，但对玩具、装饰品的需求一直都有。于是，一个天才发明家耗费一生的宝贵光阴去发明那些聪明的小玩意儿，以取悦有钱有势的人。比如，蛋形钟表就做了整整五年！

时至今日，库里宾呈给马努法克杜尔联合会[①]的一封信仍存世。在这封信里，他恳请将一个单拱桥方案提交给亚历山大一世。信中他还历数了他为沙皇陛下所作的特殊贡献。

---

① 俄罗斯彼得大帝成立的一个委员制的专门联合会，旨在推动俄罗斯工业发展。

到底是哪些特殊贡献呢？

"在陛下还是个儿童的时候，为了让陛下开心，我成功制作了一个带缎面风轮，还带有大理石磨盘的磨坊，配套还安装了银子做的碾槽和捣槌。带时钟的启动装置封闭在小磨坊内部，可放置在桌上操作……在陛下六岁左右的时候，我还做了一台机器，它像一座带瀑布的小山，上面有十三根水晶管……山脚下是水磨坊，小山周围连接着一些水渠和小溪，水里游着用透明玻璃做成的鹅和鸭子，水渠之间是绿波荡漾的田野。这台机器，从每次开始启动到表演完成，需要八分钟。每天我都去启动和照看这台机器，每月中还有一天要去两次。类似这样的贡献，想必陛下还记得吧？"

我不知道，沙皇陛下会不会还记得库里宾的机器。

不过，库里宾的提案仍只是一份提案。

库里宾一生的成果，也就是几个小玩具，还有马车用的玻璃灯、皇宫走廊里用来开窗的小物件。

在农奴制时代，一个伟大的发明家就只能做这样的玩具发明。

这并非偶然。其他那些自学成才的发明家，命运也好不到哪里。

这里有一个勒热夫市钟表匠沃罗斯科夫的例子。人们看到他手里总是捧着一本书。他家里堆满了天文、化学和数学论文。甚至在街上的时候，他也手不释卷。他走路不认路，眼睛盯着书，全然不顾尘土飞扬的勒热夫街道。就这样，他穿过无数栅栏、酒吧和商店，穿过镶着四个小窗户的住宅——人们在那儿生老病死，却都不知道科学为何物。

但沃罗斯科夫不仅仅读书，他一直在尝试将自己的学识投入真正有意

义的事情当中去，他在搞发明创造。他的点子真是太多了！他发明了深红色调的呢绒布染料，发明了可以用手指关节和指节纹来计算日期和月份的"手指日历"，他发明了用来观测夜星的望远镜，还发明了神奇的钟表。他发明的钟表不仅能指示几点钟，还能指示年月日、日相和月相，甚至所有宗教节日。到了每个月的最后一天，指针自己跳回第一个数字。

到了二月，如果当年不是闰二月，钟表就只显示二十八天；如果遇到闰月，它就会自动显示二十九天。

这种钟表是最聪明的装置，它不再是小玩具，而是精密的仪器了。

要是沃罗斯科夫活在今天，他能发明多少神奇的东西呵！

斯特拉斯堡大教堂的奇迹

通常我们用机械计数器来计时，而时至今日，我们计算日子的方式却几乎还跟鲁滨逊·克鲁索一样——每过一天他就在手杖上刻一道痕。为什么不做一个像沃罗斯科夫发明的日历那样的机械日历呢？

实际上，试想一下，假如日历是一年上一次发条，或者再省事一点，十年上一次发条吧。对于漫不经心的人们来说，这样的日历已是了不起的财富。要知道，遇上个马马虎虎的人，说不定就一下撕掉两天，或者相反，连续一个星期都忘了撕日历。

由此会引发多少麻烦呀！马大哈忘掉了五号有一个紧急会议，因为日历上白纸黑字写着：

3 月

8 日

星期二

休息日这天他跑去上班，因为不靠谱的日历还没有跟昨天告别呢。

那个时代，各种各样的机械发明都很流行，也出现了不少机械日历。其中最有名的在斯特拉斯堡城中。

这个城市有一座古老的大教堂，已经建了好几百年，至今仍未完工。按照建筑师的方案，在宽大而又沉稳的建筑物之上，本来应该建成两座钟楼的，结果却只有一个尖顶的塔楼耸入云霄。

在教堂一扇高高的彩色玻璃窗之下，还有另一个同样带尖顶的小教堂。这就是斯特拉斯堡大教堂有名的时钟。钟楼之上有三个表盘。

最下方的是一个日历：一个巨大的，缓慢旋转的大圆圈，它被分成三百六十五份——即三百六十五天。两侧是太阳神阿波罗和月亮神狄安娜的小像。阿波罗手中的箭指示着日期。

每年到了十二月三十一日夜里十二点，一周的七天就会重新选定自己的位置，一些节日——如每年都不一样日期的复活节——也会重新调整到位。每逢闰年，还会增加一天，变为三百六十六天，即多了二月二十九日这一天。

这座神奇的机械日历，就是由斯特拉斯堡钟表建造者、钟表师什瓦力伽建造完成的。

位于中间的表盘，是一个普通的钟表。而最上面的是天象仪。如果你想要知道一颗行星现在在苍穹中是什么位置，望一眼天象仪就可以了。黄道带十二星座在上面排成一圈，太阳每年都会经过它们。而移动的七个箭头指示着七大行星所处的位置。

现在人们建造的天象仪更棒了。当代的天象仪，是一座能容纳许多观

众的完整建筑物。室内巨大的穹顶上群星闪烁，而行星在群星之间穿梭，日月有升有落。

天象仪中央有一台巨大的放映机。它可以将恒星和行星明亮的光圈投影到穹顶，就像投在屏幕上一样。

莫斯科前不久也建成了一座类似的天象仪。

坐在里面，你会不由自主地忘记，你的头顶是钢筋混凝土做的穹顶，而不是真正灿烂的星空；你会不由自主地忘记，这根本不是夜晚，而只是一个晴朗的日子或一个下雨的清晨。

但我们还是回到斯特拉斯堡大教堂吧。对到大教堂参观的游客来说，最有意思的不是机械日历或天文馆，而是为数众多的机械小人儿。正是依靠这些装置的运行，构造复杂的钟表才能灵活运转。

在钟楼的上半部分，建有两层回廊。

每过十五分钟，底层回廊就会走出来一个小人儿。

第一刻钟过去，走出来一个儿童。第二刻钟，出来一个少年。再过十五分钟，中年人出现了。最后，当分针指向十二点时，回廊尽头走出来的就是一位步履蹒跚的老人，而手拿镰刀的死神就在他的身后。

短短一个小时之内，游客能目睹人的一生。

每一位走出来的塑像小人都会敲钟报时。

中午十二点整，在回廊的上一层出现了穿着修道院法袍的十二个塑像小人儿。而与此同时，隔壁的小教堂钟楼里也响起了欢快、远不如这边庄严的"喔喔"的啼声。这只玩具小公鸡也要用自己的方式迎接正午的到来。

大本钟

大本——既非黑人领袖的名字，也不是热带植物的名称。大本，指的是大本钟，它是伦敦乃至全世界最大的钟表。大本钟坐落于威斯敏斯特钟楼之上，那里也是它的老祖宗大汤姆生活过的地方。

大本钟有四个表盘，分别位于钟楼的四个墙面上。表盘直径有八米。如果你还嫌小，你可以试着量一下你房间的高度。

我相信，大本钟的表盘要高许多。

分针长 3.75 米。人跟它站在一起，就像蚂蚁与一根火柴相比。

每个表示钟点的数字高 0.75 米。钟摆的重量有两百公斤，比三个成年男子加起来还要重。分钟每走一步，就是十五厘米。

大本钟真是个巨无霸!

但看起来，过不了多久，大本钟不得不将第一名的位置让位给纽约建造中的巨型钟表。你请看剪报标题:

巨型钟

在纽约港，一座巨型钟的安装工作即将结束。它有两面巨大

的表盘，一个面向大海，另一个朝向城市。表盘直径达十二米；每个钟点数字的高度为两米，分针的长度五米，时针四米。时针分针在探照灯的装扮下，通身发亮。从海上两海里远的地方，用望远镜能把钟点看得很清楚。

怀表的钟摆

机械人、斯特拉斯堡大教堂钟表、大本钟，这些当然都是钟表领域里的奇迹。但是难道最普通的怀表就不令人称奇了吗？自从彼得·亨莱因发明怀表以来，怀表里外都发生了显著变化。

假如你还记得的话，在纽伦堡蛋形钟表中，时钟是由调节器来调节的，像带锤的古代钟表中一样。但正是这位惠更斯——就是用钟摆替换了挂钟里老式轱辘的那位先生——发明了怀表的"钟摆"。

为何需要钟摆，想必你们还没忘记吧。它的作用就是延缓主动轮的转动，让发条不会松开得太快。想要钟表走得准，钟摆摆动的时间必须相等才行。钟摆的摆幅所需时间也必须相等，以确保每摆一次，主动轮往前挪动一齿。但在怀表上似乎不太好安装"钟摆"，因为怀表有时躺着，有时又立着，有时甚至上下颠倒。

最终，惠更斯愣是将怀表的"钟摆"设计出来了。怀表的"钟摆"——或准确地说，应该叫调节器——是一个飞轮，在其转轴的一端固定着一个细如发丝的螺旋形线圈，叫作游丝，游丝的另一头缠在怀表上固定。

如果你将飞轮向右或者向左旋转，接着放手，它就开始自己来回转动，像钟摆一样。

关键在于我们都知道的游丝的特性——持续的韧性，或者用科学的说法来说，就是有弹性。

我们转动飞轮时，游丝就被卷紧了。一旦我们松手，游丝会因为韧劲释放。假如没有飞轮，游丝会立刻松开，就弄不成。可飞轮跟一台沉重的手推车似的：启动后不容易马上停下来。沉重的飞轮把游丝卷得太紧了，可以反向拧回来。这样多次重复。

如果没什么制动，这个调节器会一直摇摆不停。但是轴的持续摩擦力和空气阻力很快会让调节器停下来，如果飞轮不是钟表机芯的话，与挂钟的钟摆一样，飞轮不时推动调节器使其不停摇摆。而调节器的摇摆使主动轮匀速转动。

挂钟钟摆和怀表调节器的相同之处不仅仅在于它们的目标一致。

科学家发现，游丝的摆动与钟摆的摇摆一样，间隔的时间都相同：从来不会出现这次摆动五分之一秒，而下一次摆动的时间又长一些或短一些的情况。正是游丝这种极有价值的特性，促使惠更斯想到用游丝替代钟摆，于是游丝和飞轮就组成了调节器。

你可能会问：主动轮如何让调节器摆动起来，或者相反，调节器如何减缓主动轮的速度呢？有很多方法。有一些钟表，用的是锚（或者叫调整摆），跟我们前面说的座钟里的一样。每次调节器摇摆时，与之相连的调整摆会分别用两个不同的齿轮减缓主动轮。而主动轮也会反推调整摆和调节器，使之一起摇摆起来。

但在其他一些钟表里，主动轮与调节器的衔接方式不同。调节器的滚轴做成了中间有凹槽的筒状，位置正好处于主动轮齿轮的路径上。

比如说，主动轮的一个齿现在走到滚轴跟前，齿尖顶到了滚轴壁，停住了，歇一会儿。齿只能等着，因为还在释放的游丝尚未将滚轴凹槽转到它跟前，这个齿就不能继续往前走。等齿走过滚轴时，齿推一下凹槽边缘，帮助滚轴向右转。当这个齿走到滚轴内壁，它又停下来，歇一会儿，又只能等着，直到游丝在返回途中，滚轴向左转时，才能给齿让路。齿一出来，它再推一下凹槽边缘，帮助滚轴向左转。如此循环往复，直到钟表停下来为止。

滚轴被称为圆筒，所以带这样滚轴的钟表又被叫作"筒形钟表"。它比用锚调节的钟表便宜，可质量比不上后者：因为齿轮和滚轴的摩擦力使得筒形钟表时间走得有点慢，特别是润滑不良的时候。

钟表和拖拉机

拥有钟表的人都很清楚，钟表就是一台机器。机器的拥有者必须是一位优秀又勤奋的机械师。钟表是所有机器中最小巧、最娇贵和脆弱的。假如将三亿只怀表放在一起，它们的总功率也不过一马力。既然钟表脆弱又娇贵，当然要小心翼翼地对待它。

每个人都知道，如果抬起一台拖拉机并从高处将它抛到地上，拖拉机肯定摔得稀烂。每个人都知道，拖拉机需要清洗、涂润滑油，油箱需要及时加满，否则拖拉机无法工作。而人们不小心将钟表掉到地板上，或许多年也不清洗，或忘记准时上发条，却会惊讶钟表走得不准了。拖拉机手非常清楚该如何维护好拖拉机，那些有钟表的人——"钟表机械师"——也都应该了解类似的规则。

拖拉机的马达需要及时获取燃料，也就是煤油。钟表的马达就是发条，煤油它倒是不需要。只需要启动它，这台马达就可以开始工作。准确地说，是要及时地拧紧发条，使之时常保持足够强的拉力，防止发条太松。

规则一

每天都要在固定的时间上好发条。

拖拉机永远都以一种姿态工作，谁都不会要求拖拉机侧躺着干活的。

钟表正常的工作状态也应该总是一样的——要么躺着，或者立着，否则钟表不可能走得准。

规则二

假如你口袋里有一块表，

晚上也需要垂直放置——

不要平放在桌上，要挂在钉子上。

拖拉机停放的地方——车库——要保持干净。怀表的"车库"就是你的口袋。

规则三

放怀表的口袋，应该

经常翻过来，保持干净。

拖拉机要上好机油、收拾干净，做好维护。对待钟表也应一样。为此，需要时不时地将钟表送到钟表匠那里去。

规则四

钟表应该至少两年洗一次

而腕表则需

一年一次（腕表更容易脏）。

每一位拖拉机手都知道，必须爱护机器，防止机器生锈。

钟表机械也必须防止生锈。几滴水相对于钟表，跟洪水相对于拖拉机一样。常看见人们打开钟表吹气，想要吹掉灰尘。不能这样操作，因为随着空气进入机芯的还会有小水滴。

规则五

避免钟表受潮。

何时给钟表上发条

何时给钟表上发条比较好？早上还是晚上？

这并非无所谓的事情。最好是早上拧好发条。

原因是这样的：

清晨，我们一般都先拧紧发条，再把怀表放进口袋。而晚上呢，则是从口袋里掏出怀表之后再拧紧发条。

这不是一回事，让我们来分析一下。如果睡觉前你把钟表从口袋里掏出来，上好发条，随后将表放在桌上或挂到墙上，钟表的温度降下来，本来已拧紧的发条就会收缩得更紧，甚至断掉，特别是房间温度很低的时候。

如果你在早上先给钟表上发条再揣进口袋，则是另外一回事情。如果你把怀表放进温暖的口袋里，就不会有什么坏事情发生。发条因为受热会变得更长、更软一些，这不是坏事。所以，给钟表上发条还是早上好，而非晚上。

事故情况下的急救措施

不单人会生病，机器也会出毛病。跟机器打交道的工人，必须注意机器的健康状况：机器有没有温度过高——巨大的摩擦力会不会导致轴承升温过快；有没有嘶嘶声或呜呜声、多余的敲击声或者噪音。大多数情况下，机油这个简单的药品就管用了。只要在摩擦的地方灌点机油，一切又都安静顺利地进行了。但还有一些更麻烦的毛病是简单的家庭手法医不了的。此时只能求助于专家医生——机械师了。不少时候，"医生"做做手术被认为是必要的。一些外科手术工具此时也就派上了用场：扳手、凿子、锤子等。

钟表生了病，也应该去咨询"医生"，也就是钟表匠。有时候，在家就能轻松治好生病的钟表。

如果钟表不走了，则要看看是不是分针接触到表壳玻璃了，是不是时针分针碰在一起了。如果都不是，就打开机芯看一下，是否有灰尘塞住了主动轮。用羽毛掸子很容易掸掉灰尘。

如果钟表走慢或走快了，需要调拨一下指针——就是跟调节器同轴的一个小箭头。箭头的一侧用法语写着"avance"（加快），或用英文写着"fast"（快）。另一侧是法文"retard"（减慢）或英文"slow"（慢）。箭头短的一端有一个小钉子压着游丝。将箭头从"减慢"推向"加快"时，我们也重置了小钉子的位置。松散的游丝就拉得更短更紧，因而弹性更足，调节器随之摇摆得更快，于是表就走得快了。每次只需将箭头调一个刻度，过几天再跟其他走时准确的钟表对表。如果钟表仍然走得慢，就将箭头再往前调一个刻度。但如果表走得太快了，则将箭头往回调一个刻度。

通过调拨箭头，我们并不能彻底治愈走得慢的钟表，只能使其稍稍好转。如果不送去钟表匠那里清洗和上机油，钟表迟早还是会走得慢，最后完全停止。原因在于，机芯"尖儿"（轴的两头）涂抹的机油久了会变质——因为氧化而变厚。发条需要克服的阻力越来越大，最终游丝走不动了，宣布罢工。

但也有更糟糕的情况：钟表因为发条断裂完全不走了。你可以亲自检查一下它是不是真报废了。试着动一下钟表的中间轮——最靠近发条的那个轮子。假如它摇晃，意味着发条断了，那无论如何都要去找钟表匠修理了。

钟表匠的工坊，多像医院的病房呀！一些"病号"神志不清说着胡话，钟表指针跟打摆子一样。还有一些钟表则相反，又是咳又是喘，直到撕心裂肺的缠斗全从发热的胸腔里飞迸出来为止。还有的钟表，昏沉地躺在一旁，一声不吭。

小型钟表轻轻的滴答声、大型挂钟清晰的敲击声，咳喘、呻吟——这一切汇成持续的、不和谐的噪音，真叫人头疼。

在这焦虑与困惑之中，心平气和、不急不躁的主治医生——钟表匠，辛苦工作着。原以为完全不行了的钟表，经钟表匠妙手，又变得生龙活虎、容光焕发了。

搬运时间

100,000 卢布

奖给找到搬运时间的方法的人

这是 1714 年英国上议院发布的一则公告。无数人纷纷响应，投入这项艰难的工作。搬运时间，可不是搬运红酒或者胡椒。你不能把它藏进货舱里，也不能把它装进酒桶里。

别以为这本书的忠实的作者发了疯或者在耍弄你。搬运时间，不仅可能，而且必须。

我们都知道，为了不偏离航线，海员在海上需要确定经纬度。

纬度根据北极星的高度确定：北极星越高，船所处的位置越靠北。

而经度——即与本初子午线的距离——却由另外一种方法测定。

在各条子午线上，时间各不相同。太阳在莫斯科升起的时候，伦敦还是黑夜，因为伦敦在莫斯科的西边。地球转动是自西向东，所以太阳还没照到伦敦呢。

假如某地是正午十二点，从这个地方往西偏十五度，就不再是十二点，而是十一点；往西偏三十度，就是十点钟，依次类推。经度十五度等于一小时的时间。

所以，在路途中，如果想要知道所处位置的经度，需要用随身带的钟表与当地时间进行核对。如果你的钟表比当地时间快两个小时，就说明你已向西走了三十度。

当你在茫茫大海上，无人可问几点钟时，就需要参照太阳和星星的位置确定时间。

很简单，不是吗？看起来似乎再简单不过了：带上钟表，不就万事大吉了吗，为什么要支付奖金呢？

确实不难，但也不是那么简单。我们知道，钟表是一种反复无常的机器。它们受不了磕碰，在船上不可避免会"晕船"——走得忽快忽慢，所以不能完全指望钟表走得准。要知道，假如钟表慢了一分钟的话，经度的误差就是四分之一度。这足以导致船只偏航和触礁。

所以人们出海携带的并非普通的钟表，而是非常精准的天文计时表。

为了发明天文计时表，全世界的钟表匠努力了一百多年。最后，一位叫哈里森的英国人和一位叫勒卢埃的法国人获得了成功。

哈里森的天文计时表乘坐"德普特福德"（Deptford）号，成功完成了从朴次茅斯到牙买加的航行。此后不久，法国"阿芙乐尔"（Aurora）号三桅巡洋舰，带着勒卢埃设计的另一款更精准的天文计时表出海远航了。在这段历时四十六天的航程中，这台天文计时表仅仅慢了七秒钟。

哈里森只获得了部分的悬赏金，而且是经过了几番周折、过了很久才拿到的。

天文台和疗养院

从来没有分秒不差的钟表。

天气变化、寒暑交替、潮湿、不小心磕碰、放置状态的改变或者机油变稠等等，所有这一切都会缓慢但确定无疑地搅乱即便是最精准的天文计时表的报时。例如，随着调节器的湿度增加，天文计时表变得越来越重，于是调节器摇摆越来越慢，最后导致表停下来不走。温度的上升会反映在天文计时表上，就像在温度计上一样：线圈因为受热膨胀起来，变得越来越长、越来越软。这同样会导致天文计时表越走越慢。

精准报时的钟表都安装在天文台，各个城市甚至国家都是靠这些钟表来校准时间的。对待这些钟表，人们像照顾危重病人一样呵护备至。

无微不至地看护、一点儿噪音都没有，总之，这里不像是天文台，倒像是疗养院。老实讲，这样的疗养院会害死人的。

举个例子，为了防止温度的剧烈变化，普尔科沃的钟表安装在地下室。需要上发条的时候，才会有人走进地下室，因为哪怕人体靠近机器，钟表的运行都会产生变化。

普尔科沃天文台计时表是依靠电报与彼得洛巴甫洛夫斯科炮台相连的。不久前，列宁格勒市民还是听着"炮声"来校对时间的。每天中午十二点整，炮台一声炮响，所有的列宁格勒人马上停下手里的活儿，掏出钟表来校对时间。

只不过这样校对时间并不是很准确，毕竟，在普尔科沃开始发出信号到炮响之间，总还是需要一点儿时间。因此，根据炮声来校对的钟表，报时就会有点偏慢。

现在，无线电已取代了炮台。

无线电的报时信号没有丝毫延迟，分秒不差。并且，现在不仅是在一个城市，全国都可以听到无线电。

最先用无线电报时的是法国人——从巴黎的埃菲尔铁塔上。我国的报时信号则是通过普希金广播电台和莫斯科广播电台传递的。

会说话的钟表

你跟钟表有过对话吗？

从电话机上拿起听筒，你开始拨一个号码，电话里的钟表就会用人声向你报告几点钟了。

莫斯科就有这种会"说话"的钟表。它们是这样被安排的：广播站有一台装有绍林系统①的特制机器。这台机器与天文钟连接，每隔十五秒钟就会向广播电台报时。报时的"播音员"不是人（如此紧张的工作，人无法承担），而是一段电影胶片，就像有声电影中的一样。在一千米长的磁带上，每隔十五秒就刻录了"秒"、"分"、"小时"这几个词。

任何时候，人们都能知道准确的时间，不过是通过电话，而不是对表。

---

① 苏联工程师亚历山大·绍林发明的一种录音系统。（编者注）

再说说天空之表

难道你真的相信，最精确的钟表从不会骗人吗？当然不是。我们其实很清楚，所有的钟表或多或少都骗人。

在那个既没有挂钟、怀表，也没有钟楼的年代，人们只好去寻求其他钟表的帮助和指引。这些钟表忠实地为人们服务着。天空之表就是唯一一种从不骗人的天文计时表。

地球围绕轴心旋转总是经历相同的时间。灿烂星空中，星辰也总是用同样的时间、以可见的姿态返回先前的位置。我们只有通过观测星辰来校对钟表。

因此，精准的钟表均设在天文台——尽管根据天文学家的计算，地球自转正在放缓，白天变得越来越长。地球停止自转时，天空之表也就停止了。但这将是几百万年之后的事情。这种减速是非常非常缓慢的。我们可以一如既往地相信，天空之表仍是唯一准确的钟表。跟远古时代一样，它默默无声地指引着我们，从不欺骗我们。

译后记：与好奇心一起成长

米·伊林（M.Ilyin，1896—1953），苏联著名的儿童科普作家、化学工程师，原名伊里亚·雅克夫列维奇·马尔沙克，米·伊林是他的笔名。米·伊林1896年出生于苏联巴哈姆特市（现已恢复旧名"阿尔焦莫夫斯科"，属乌克兰），1953年在莫斯科病逝。

米·伊林自1924年开始创作科学普及类短文，他善于把文学和科学结合起来，作品语言活泼，逻辑严谨，文字富有诗意。他在短暂的五十七年生命中，创作了大量脍炙人口的文学科普作品，米·伊林具有代表性的作品包括：《时间的故事》（又名《几点钟》）、《十万个为什么》、《不夜天》、《书的故事》（又名《黑与白》）、《在你周围的事物》、《自动工厂》、《原子世界旅行记》、《人怎样变成巨人》（三卷），以及《人与自然》

等等。自然、科学和诗歌是米·伊林一生的激情。

米·伊林的作品作为优秀科普作品的典范，对我国科普创作界产生了非常大的影响。老一辈的科普作家和二十世纪五十年代成长起来的许多科普作家，都从米·伊林的作品中受到教益。米·伊林将科学融入文学构思，用文学的笔触、生动的比喻、典型的事例、诗一样的语言，娓娓动听地讲述科学知识。中国科普创作界的学者专家们普遍认为，米·伊林的作品活泼而又严谨，材料丰富而不枝蔓，趣味是从知识本身中挖掘出来的，而不是外加的噱头。这些都是米·伊林作品写作技巧上的特点和优点。我国著名科普作家高士其曾在《人民日报》上用"内容丰富，文字生动，思想活泼，段落简短"这十六个字来概括米·伊林作品的特点。

由于米·伊林的一些作品是在二十世纪四五十年代写的，难免受历史的局限。但是米·伊林创作所遵循的指导思想、原则和方法，他高超的写作技巧、阐述的科学基本原理，直到今天仍具有现实意义。由于科学和历史的发展，我们今天来看米·伊林的具体作品，可以找到一些因历史局限产生的不足之处或问题，如《书的故事》中对中国四大发明的评述等。

我们不能苛求已作古的米·伊林，引导孩子用历史的眼光看待作品，从中学习宝贵的科学探索精神，领会其深刻的科学内涵，才是读米·伊林作品的要旨所在。

2.

　　《十万个为什么》已使无数中国青少年迈进知识和科学的大门。米·伊林的《十万个为什么》于1929年首次出版，作者用屋内旅行记的方式，对日常生活中的许多事物提出饶有兴味的问题，再进行有启发性的解释回答。"十万个为什么"这个现在已经被国内广为采用的书名，最初是由米·伊林取自英国著名作家卢·吉卜林的一句话："五千个在哪里，七千个怎么样，十万个为什么。"当时的《十万个为什么》仅五万字，那是一本"在屋子里边走边写的书"，作者称之为"房间巡游指南"。米·伊林善于把简单的问题想得津津有味，讲得也津津有味。

　　《时间的故事》是米·伊林的另一部科普名著。该书仍然延续讲故事的手法，用两个大故事套着若干个小故事（适应孩子们的阅读习惯），告诉孩子们谁发明的钟表，以及怎么想出来的。同时，对时间的测量、时间的属性，对钟表的发展沿革、种类、优缺点等等，都做了通俗易懂的阐释，让孩子们读起来一点儿都不觉得枯燥无味。此外，很有意思的是，历史上，由于刚发明出来的时候受到世界瞩目，加之造价不菲，钟表还曾在法国、英国、德国及意大利等国的外交史上扮演了"国礼"的重要角色。

　　《书的故事》是一部关于文字和书籍如何产生的纪实性儿童科普作品。汉语里有"白纸黑字，板上钉钉"之说，反映并揭示了黑与白的对立、决绝。而此书中关于"记事结"的描述中还提到"黑色结表示死亡；白色结表示银子或者和平"，似乎又阐释了黑与白的哲学启示。黑改变了白，白参照了黑。作者将许多科普知识巧妙地融入故事中，使读者感觉到作品很强的故事性、趣味性的同时，不知不觉还能引起更强的好奇心，激发读者读书、爱书的热情，让他们学到很多课本上学不到的专业知识。

3.

2020 年 5 月，我在和作家榜签订米·伊林三部曲《十万个为什么》《书的故事》《时间的故事》的翻译合同时，即兴写过一首小诗《好奇心》：

　　　我知道是我和你一样
　　　过于相信暮春微醺的五月

　　　这是一次毫无悬念的爬升
　　　更多的好奇心取代例行的冒险

是的，每一次翻译都是一次难得的"爬升"；每一次翻译不同的作家，都是一次"冒险"。虽说此前，我刚翻译完成了米·伊林的好朋友——苏联著名儿童作家比安基的长篇科普作品《森林报》，但好奇心是个神奇的东西，它驱使我再次接下了这三本书的翻译工作，心中暗想，能重译俄罗斯再版无数次的儿童科普名著——米·伊林的《十万个为什么》——既是挑战，也很好玩。

　　人类本来就是一种好奇心很重的生物体。很难想象，假如失去了好奇心，人类是不是就会停止进化和发展？可以说，每个人一生下来，好奇心就开始伴随他，尤其是有自主意识之后。这样看来，我跟米·伊林一样，也是一个好奇心很强的人。

　　米·伊林的三部作品篇幅适中，我在2021年6月中旬完成初译，中译字数约十四万，因为工作在身，都是利用晚上和休息日译的，前后翻译了一年有余。翻译就是个苦行僧，同行都笑称翻译是"苦译犯"，但谁能阻止苦译犯们对翻译的挚爱呢？

　　好奇心伴随人的成长，揭示了生命的探索精神。而米·伊林的三部作品的确给了我们诸多有益的启示，除能帮助我国读者更深地了解俄罗斯历史、文化、风土人情之外，还告诉我们：

　　（1）对身边的物品不能熟视无睹，因为其中均有奥妙；

　　（2）每一件物品都是创造、智慧，得之不易；

　　（3）获得知识的原动力是好奇心和思考力，一个不善于思考的人，是不会有什么真知灼见的。

此外，正如《十万个为什么》序作者 B. 科维切夫在米·伊林三部曲的序言中所指出的那样：

儿童科普文学以文学的创作手段进入了科技领域，帮助人们了解大自然的秘密和各种手艺的诀窍。儿童科普文学的任务，就是激发人类最有价值的一项潜质，那就是好奇心。有了好奇心才能认知世界。只有怀着一颗好奇心，你才能茁壮成长，变得更加睿智；你保持的好奇心越强，生活带给你的愉悦和惊喜就越多。

但是，跟其他生物一样，好奇心也需要汲取营养。什么才能为好奇心提供营养呢？知识。你觉得——恰恰相反吗？很显然，倘若你从来不曾质疑过什么，你永远都不可能真正知道那些事物的真相！

大门紧闭就会孤陋寡闻和失去好奇心。但门缝里能看得见什么有意思的呢——难道不应该把门缝开得再大一些，走进去看得更清楚些？这样才能获得知识。对于幼童，要获得知识就需要保持强烈的好奇心、探索世界的永恒动机，就好像用小活鱼鱼饵去钓大鱼一样。

《十万个为什么》告诉我们，身边的事物都藏着"大学问"，只要你有好奇心，勤读书、多思考，你就一定收获满满。

《时间的故事》不仅仅是讲述了钟表的科学创造、发明，潜移默化之中，还告诉人们时间的不可重复性。时不我待，生命有限，每个人都需要珍惜时间。与此同时，该书延续了米·伊林的一贯风格，科学无止境，宇宙中有探索不完的秘密，人类仍在矢志不移地追求设计制作出更加精准的测量工具、更加精准的钟表。

　　《书的故事》不只是关于书的历史沿革、文字的发展，也是人类文明发展史、文化发展史。知识改变命运，读万卷书，是人类获取知识非常重要的途径。

　　感谢大星文化公司和浙江文艺出版社的信任！感谢出版人诗友周公度兄！感谢专业、有责任心和耐心的编辑俞延澜、田靓、戴婧瑶！感谢家人王铌不但全力支持我的翻译工作，而且亲自参与这三本书中译本的文字校对工作，陪我熬过许多长夜。

译者简介 | 骆家

骆家，本名刘红青，诗人、译者、摄影师。

1966 年生于湖北。1988 年毕业于北京外国语大学。

二十世纪八十年代开始诗歌创作与翻译。

著有自选诗集《黄昏雪》，出版诗集《驿》《青皮林》《学会爱再死去》，译著《奥尔皮里的秋天》等。

2018 年签约作家榜，翻译《初恋》《春潮》，广受读者好评。

2019 年，翻译《森林报》。

2021 年，倾心翻译《十万个为什么》《书的故事》《时间的故事》。

著作

《黄昏雪》（1990）

《驿》（2008）

《青皮林》（2015）

《学会爱再死去》（2017）

译著

《奥尔皮里的秋天》（2017）

《初恋》《春潮》（2020）（作家榜经典名著）

《十万个为什么》（2021）（作家榜经典名著）

《书的故事》（2022）（作家榜经典名著）

《时间的故事》（2022）（作家榜经典名著）

作家榜®经典名著

★ ★ ★ ★ ★ ★ ★ ★ ★ ★ ★
读 经 典 名 著 , 认 准 作 家 榜

　　作家榜，创立于2006年的知名文化品牌，致力于促进全民阅读，推广全球经典，连续13年发布作家富豪榜系列榜单，引发各大媒体关注华语作家，努力打造"中国文化界奥斯卡"。

　　旗下图书品牌"作家榜经典名著"系列，精选经典中的经典，凭借好译本、优品质、高颜值的精品经典图书，成为全网常年热销的国民阅读品牌，在新一代读者中享有盛誉。

经典就读作家榜　　经典就读作家榜　　经典就读作家榜　　经典就读作家榜
京东官方旗舰店　　天猫官方旗舰店　　当当官方旗舰店　　拼多多旗舰店

策 划 ｜ 作家榜

出 品 ｜

出 品 人 ｜ 吴怀尧

总 编 辑 ｜ 周公度

产品经理 ｜ 戴婧瑶

美术编辑 ｜ 董亚茹

全书绘图 ｜ ［俄］Kate Golovanova

封面制作 ｜ 古诗铭

产品监制 ｜ 陈　俊

特约印制 ｜ 吴怀舜

版权所有 ｜ 大星文化

官方电话 ｜ 021-60839180

经典就读作家榜　　作家榜官方微博　　百态人生
抖音扫码关注我　　经典好书免费送　　尽在故事会

图书在版编目（CIP）数据

时间的故事 /（苏）米·伊林著；骆家译. -- 杭州:
浙江文艺出版社, 2022.7（2023.3重印）
（作家榜经典名著）
ISBN 978-7-5339-6900-4

Ⅰ. ①时… Ⅱ. ①米… ②骆… Ⅲ. ①时间—儿童读
物 Ⅳ. ①P19-49

中国版本图书馆CIP数据核字（2022）第106792号

责任编辑：罗艺

作家榜®经典名著
★★★★★★★★★
读经典名著，认准作家榜

时间的故事

[苏] 米·伊林 著　　骆家 译

全案策划

大星（上海）文化传媒有限公司

出版发行

浙江文艺出版社

杭州市体育场路347号　邮编 310006

浙江省新华书店集团有限公司 经销

上海中华印刷有限公司 印刷

2022年7月第1版　2023年3月第3次印刷
787毫米×1092毫米　16开本　12印张
印数：22001—32000　字数：135千字
书号：ISBN 978-7-5339-6900-4
定价：78.00元